우리 집에
식물을 들여도
괜찮을까요?

우리 집에
식물을 들여도
괜찮을까요?

RYUSUKE SAKAINO (AYANAS) 지음

윤은혜 옮김

시그마북스
Sigma Books

우리 집에 식물을 들여도 괜찮을까요?

발행일 2021년 3월 5일 초판 1쇄 발행
지은이 RYUSUKE SAKAINO (AYANAS)
옮긴이 윤은혜
발행인 강학경
발행처 시그마북스
마케팅 정제용
에디터 최윤정, 장민정, 최연정
디자인 김문배, 강경희

등록번호 제10-965호
주소 서울특별시 영등포구 양평로 22길 21 선유도코오롱디지털타워 A402호
전자우편 sigmabooks@spress.co.kr
홈페이지 http://www.sigmabooks.co.kr
전화 (02) 2062-5288~9
팩시밀리 (02) 323-4197
ISBN 979-11-91307-10-8(13520)

暮らしの図鑑 グリーン

(Kurashi no Zukan Green : 6312-3)

ⓒ 2020 Ryusuke Sakaino / Ayanas

Original Japanese edition published by SHOEISHA Co.,Ltd.

Korean translation rights arranged with SHOEISHA Co.,Ltd.

in care of TUTTLE-MORI AGENCY, INC. through AMO Agency.

Korean translation copyright ⓒ2021 by Sigma Books

* **시그마북스**는 (주)**시그마프레스**의 자매회사로 일반 단행본 전문 출판사입니다.

시작하며

우리의 삶은 다양한 물건과 활동으로 채워집니다. 스스로 선택한 것은 매일의 삶을 더욱 풍요롭게 만들어 줍니다.

이 책은 '나다운' 삶을 가꾸고 싶은 사람을 위한 책입니다. 다양한 활용 아이디어와 기초 지식을 그림과 사진으로 함께 담았습니다.

이 책에는 다른 누구도 아닌, 온전히 나를 위한 물건과 활동을 발견하는 방법을 찾을 수 있게 도와주는 아이디어가 가득합니다.

이 책의 주제는 '식물'. 관엽식물은 우리의 생활에 여유를 더해주는 존재입니다. 이 책은 나에게 적합한 관엽식물을 추천하고, 식물이 어우러진 인테리어 아이디어와 식물 키우기를 어려워하는 사람을 위한 기초적인 관리 방법을 함께 소개합니다. '나다운' 그린 라이프를 즐기는 데 도움이 되었으면 좋겠습니다.

차례

제 3 장

알아두어야 할 기초 지식

SUNNY PLACE

제 1 장

식물이 있어서 더 즐거운 삶

식물과 더불어 살고 싶은 마음에
덜컥 사와서 집에 놓아 봤지만
생각처럼 멋진 분위기가 나지 않아 고민이라면,
여기에서 소개하는
다양한 분야의 전문가들이 들려주는
조언과 아이디어에 귀를 기울여 보세요.

어디에 둘지를 먼저 생각해요

식물이 쑥쑥 자라는 집은 사람에게도 쾌적한 집

인테리어를 한층 화사하게 완성시켜 주는 식물. 집안을 꾸미는 장식품 역할을 하지만, 어디까지나 살아 있다는 점을 잊지 말아 주세요. 식물을 두기에 적합한 환경인지 한번 더 생각해 봅시다.

집을 보러 가면 가장 먼저 해가 잘 드는지, 바람이 잘 통하는지를 살펴봅니다. 식물을 잘 키우려면 꼭 필요한 필수 조건입니다. 해가 잘 드는 것은 물론이거니와, 통풍이 중요합니다. 항상 신선한 바람이 통하는 집은 사람에게도, 식물에게도 좋은 환경입니다. 물론 식물을 위해서 이사를 할 수는 없지요. 하지만 햇빛과 바람이 식물에게도 중요하다는 것을 기억해 주세요.

식물을 고를 때는 둘 장소를 먼저 정해야

집안을 가만히 바라봅시다. 해가 쨍쨍 들어오는 창가가 있는가 하면, 해가 그다지 닿지 않는 장소도 있습니다.

식물은 원래 살던 곳에 따라 좋아하는 온도와 습도, 햇빛이 다릅니다. 강한 햇빛을 좋아하는 식물이 있는가 하면 습하고 그늘진 환경을 좋아하는 식물도 있습니다. 가능하면 본래 자라던 환경과 비슷한 곳에 두면 좋겠지요?

이 책은 식물을 소개하면서 첫째, 야외나 베란다 같은 직사광선이 들어오는 환경, 둘째, 해가 잘 드는 창가와 같이 밝은 실내, 셋째, 하루의 절반 정도만 해가 드는 곳 또는 햇빛이 직접 들어오지는 않지만 신문을 읽을 수 있을 정도로 밝은 실내, 세 가지 중에서 그 식물에게 적합한 장소를 기재해 두었습니다(106쪽 참고). 어떤 식물을 어디에 둘지 생각할 때 참고해 주세요.

키우기 쉬운 식물부터 친해져요

건조한 지역 출신인 산세베리아. 줄기 전체에
수분을 저장하기 때문에 물을 자주 주지 못해도
괜찮습니다. 사진은 산세베리아 바나나와 산세
베리아 실린드리카(일명 스투키). 두꺼운 잎에 수
분을 저장합니다.

물을 자주 주지 않아도 괜찮은 식물

'새 집에 식물을 하나 들이고 싶은데…….' '나도 식물을 한번 키워 볼까?'
그런 생각이 들었다가도 어떤 식물을 키우면 좋을지 결정하기가 어려워 망
설일 때가 많습니다. 키우다가 죽이는 것만큼은 피하고 싶다면, 키우기 쉬
운 초심자용 식물부터 시작해 보세요.

식물을 '키우기 쉽다'고 말하는 기준을 정하기는 어렵지만, 물을 자주 주
지 않아도 된다면 그만큼 손이 덜 가니 키우기 쉽다고 할 수 있겠지요. 그런
점에서 산세베리아를 추천합니다. 그중에서도 잎이 두꺼운 것은 물을 저장
하는 능력이 뛰어나 물을 자주 주지 못해도 걱정 없어요.

햇빛이 부족해도 잘 견디는 튼튼한 식물

키우기 쉽다는 말을 잘 죽지 않는다는 의미로 생각한다면, 튼튼하기로 유명한 스킨답서스 같은 천남성과의 식물을 추천합니다. 해가 잘 드는 곳을 좋아하지만, 내음성(햇빛이 부족해도 잘 자라는 능력)이 뛰어나 햇빛이 부족한 집이나 사무실, 상점 등에서도 키울 수 있어요. 쉐플레라(140쪽) 종류도 내음성이 뛰어납니다. 가장 흔한 관엽식물이라서 한 번씩은 본 적이 있으실 거예요. 그중에는 특이한 형태로 자란 것도 많으니 마음에 쏙 드는 한 그루를 찾아보세요.

가장 유명한 관엽식물로 꼽히는 천남성과의 식물. 내음성이 뛰어난 품종이 많으며, 대표적인 품종으로 스킨답서스가 있습니다. 일조량을 확보하기 어려운 상점이나 사무실같은 곳에서 쉽게 볼 수 있습니다. 아래 사진은 하트 모양잎이 사랑스러운 필로덴드론 옥시카르디움 2종. 반그늘에서도 잘 자랍니다.

일조량이 부족해도 잘 견디는 쉐플레라(홍콩야자)는 누구나 키우기 쉬운 튼튼한 식물입니다. 그래서 공공시설이나 사무실에서 자주 볼 수 있지요. 이 사진처럼 조금 특이한 형태로 자란 쉐플레라도 있어요.

아담한 식물을 골라 봐요

가벼운 마음으로 살 수 있는 테이블 사이즈 식물

손쉽게 살 수 있고 인테리어 포인트로도 쓰기 쉬운, 크기가 아담한 화분들.
테이블이나 부엌 아일랜드 식탁 위, 책상 구석 같은 곳에 나란히 놓으면 황
량했던 집안이 금세 북적거립니다.

　요새는 마트나 잡화점에서도 팔지요. 작은 화분으로 사기 쉬운 식물에는
파키라, 대만고무나무, 테이블야자, 물푸레나무 등이 있습니다. 모두 키우
기 쉬워서 고민 없이 집에 들일 수 있는 품종입니다. 우리 가게에서 잘 나가
는 미니 식물에는 디스키디아(148쪽 참고)가 있습니다. 작은 테이블 사이즈
는 부담이 없어 인기입니다. 선물용으로도 좋답니다.

작은 화분이 큰 나무가 될 때까지

작은 화분은 자리를 그리 차지하지 않아서 여러 개 늘어놓고 키울 때가 많지요. 하지만 작은 화분을 키울 때 특히 주의해야 할 점이 몇 가지 있습니다. 우선 작은 화분에 심겨 있다는 것은 흙의 양도 적다는 의미입니다. 흙이 마르기 쉬우니 흙의 상태를 자주 확인해서 잊지 말고 물을 주어야 해요.

또한 작은 화분에 심겨 있다고 작게 자라는 품종만 있는 것은 아닙니다. 이를테면 대만고무나무(132쪽 참고)는 원래 고향에서는 수십 미터까지도 자란답니다. 작고 귀여워서 샀더라도, 엄연한 생명이니까 나중에는 훌쩍 커질 수도 있다는 점을 잊지 말아 주세요. 오래 함께 지내면서 자라는 모습을 지켜볼 수 있다는 것도 식물을 키울 때 얻을 수 있는 즐거움입니다.

우리 집 대표 식물 '심볼트리'

집안의 중심이 될 존재감 있는 식물

'심볼트리'라고 하면 보통 마당 한가운데 서 있는 큰 나무가 떠오르지만, 거실에 심볼트리를 놓아 보는 것은 어떨까요? 꼭 큰 화분일 필요는 없어요. 커다란 플라티케리움(박쥐란)을 벽에 걸어 본다든가, 인테리어 주역으로 활약할 만한 존재감 있는 식물을 찾아봅시다. "작은 화분 하나도 감당 못하는데 커다란 식물을 어떻게 키우죠?"라고 걱정하는 사람도 많지만, 사실 큰 식물 쪽이 기본 체력이 있어 더 튼튼한 경우가 많답니다. 그러니 큰 화분에 먼저 도전하는 것도 좋습니다. 오래 함께할수록 존재감이 더해지고 애착도 쌓이기 마련! 그러면서 진정한 우리 집의 상징으로 자리 잡을 것입니다.

오른쪽 위부터 반 시계 방향으로 박쥐란 엘리판 도티스, 쉐플레라, 빅쥐란 스테마리아. 모두 존재 감이 있어 심볼트리로 어울려요. 커다란 식물을 둘 수 없는 환경이라면 눈길을 사로잡는 독특한 식물을 고르면 좋습니다.

오직 하나뿐인 나의 나무

세상에 완전히 똑같은 식물은 없다

온라인으로 식물을 사는 것은 이제 일반적이 되었습니다. 이때 사이트에 올라온 것과 같은 식물이 배송될지 걱정이 됩니다. 오른쪽의 다양한 피쿠스 벵갈렌시스 사진을 보세요. 같은 나무지만 가지, 잎, 전체적인 형태가 모두 달라 각각 개성이 느껴집니다. 모처럼 집에 들이기로 마음먹었다면, 수형까지 마음에 쏙 드는 것을 고르고 싶은 것이 당연하지요.

상품 설명에 올라온 사진의 실물을 판매하는 온라인 매장에서 마음에 드는 수형을 찾으세요. 그래도 눈으로 직접 보면 사진만으로는 알 수 없는 매력을 발견할 수 있으니, 마음에 드는 매장을 찾아 방문해 봅시다.

잎의 모양과 색깔을 즐겨요

잎을 즐기니까 관엽식물

관엽식물의 '관엽(觀葉)'은 '잎을 본다'는 뜻입니다. 모양, 색, 무늬, 질감 등 잎의 특징을 찬찬히 살펴볼까요? 동그랗고 귀여운 잎, 뾰족하고 날카로운 잎……. 잎의 모양은 식물을 고를 때 중요한 요소 중 하나입니다. 커다란 잎, 작은 잎, 길고 가는 잎에 하트 모양 잎까지, 마음에 쏙 드는 잎을 찾아봅시다.

잎에서 느껴지는 분위기는 인테리어와 어울릴지를 판가름하는 중요한 요소이기도 해요. 몬스테라같이 특이한 모양의 잎은 거실에 드리운 그림자까지도 볼거리가 됩니다. 이파리 사이로 새어드는 아름다운 햇살까지 인테리어의 일부로 배치해 보세요.

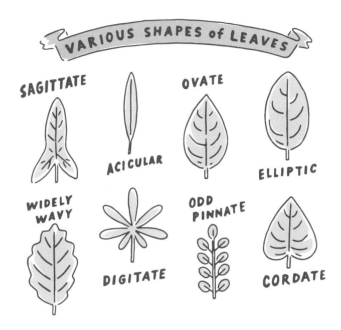

공간의 넓이와 잎의 관계

몬스테라나 파키라, 움벨라타 고무나무처럼 잎이 커다란 식물은 공간을 많이 차지하기 때문에 한 그루만 있어도 존재감을 뽐낼 수 있습니다. 한편 자언스럽게 흘러내리는 가느다란 잎은 좁은 공간이나 작은 원룸에도 부담 없이 어울립니다.

  작은 화분을 여러 개 나란히 둘 때는 잎의 모양을 고려해서 배치해 보세요. 잎의 모양이 다른 식물들을 한데 모으면 각각의 특징이 더 선명하게 살아납니다. 분위기가 어수선할까 봐 걱정될 때는 화분의 색이나 모양, 소재를 통일하면 깔끔한 인상을 줄 수 있어요.

흔하지 않은 식물을 키우고 싶다면

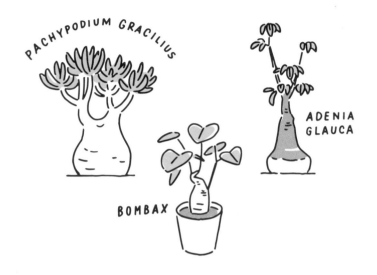

수집욕을 자극하는 괴근식물의 세계

흔히 보기 힘든 개성 있는 식물을 원한다면 괴근식물을 추천합니다. 괴근식물은 뿌리 모양이 특이한 식물을 말합니다. 인기가 생기면서 유통량도 늘어나는 추세이지만, 파키라나 스킨답서스 같은 대중적인 품종에 비하면 아직 희소한 편입니다. 주위에서 좀처럼 볼 수 없는 독특한 식물을 원한다면 괴근식물에 도전해 보세요.

레어 아이템을 모으다 보면 수집욕이 점점 불타오르기 때문에 전문적인 수집가도 많은 세계입니다. 이 책에서는 괴근식물의 대표라 할 수 있는 파키포디움 그락실리스(160쪽)와 봄박스 엘립티쿰(190쪽)을 소개합니다.

대중적인 품종에서도 특이한 모양을 찾아보자

유통량이 많은 대중적인 품종에서 특이하게 생긴 개체를 찾아보는 방법도 있습니다. 가지가 위로 뻗지 않고 옆으로 자라도록 끈으로 유도해서 키운 식물, 뿌리가 흙 위로 드러나게 키운 식물(32쪽 참고), 위아래를 혼동해 수형이 흐트러지도록 화분을 기울여서 키운 식물 등, 눈에 익은 보편적인 식물이라도 키우는 사람에 따라서 얼마든지 신선한 인상을 줄 수 있답니다.

희귀한 식물은 인연이 있어야 만날 수 있어요. 매장을 자주 찾아보고, 온라인 사이트도 부지런히 검색해 봅시다. 식물은 구입한 뒤로도 성장하니까, 분재처럼 스스로 모양을 완성시켜 보는 것도 즐거울 거예요.

색다른 즐거움, 기근과 철화

뿌리를 감상하는 즐거움

미야코지마 같은 남쪽 섬에 자라는 대만고무나무 거목을 본 적이 있으신가요? 커다랗고 둥근 줄기 아래로 뻗어 나온 수염 같은 뿌리를 기억하는 분도 있을 거예요. 그 뿌리를 '기근(氣根)'이라고 합니다. 기근은 성장함에 따라 땅을 향해 아래로 뻗어 나옵니다. 신비로운 인상을 주는 이 독특한 모양을 좋아하는 사람도 많습니다. 왼쪽 사진의 필로덴드론 쿠커버러를 비롯한 필로덴드론 종류가 기근을 즐길 수 있는 대표적인 품종입니다. 하지만 기근이 나오지 않는 품종도 뿌리가 보이는 형태로 키워 유통되고 있습니다. 이 형태를 '뿌리솟음', 또는 '근상'이라고 부르는데, 분재나 관엽식물을 즐기는 방법 중 하나입니다.

FORMA CRISTATA

개성 만점 재미있는 생김새, 철화

찌그러진 딸기나 채소를 본 적 있으시죠? 이것은 철화(綴化)라고 해서, 성장 점에 변이가 발생한 것입니다. 관엽식물 중에도 철화가 발생하는 품종이 있 습니다. 특히 다육식불이나 선인장에 많아 예로부터 개성 있는 모양으로 사 랑을 받아왔습니다.

일반적인 식물은 마음에 드는 모양을 구입해도 시간이 오래 지나면 모두 비슷한 형태로 자랍니다. 그러나 철화는 같은 종류의 선인장이라도 세월이 지남에 따라 전혀 다른 모양으로 변한답니다. 상상조차 못한 모양이 되기도 하지요. '어떻게 자랄지 알 수 없다'는 바로 이 점이 철화의 매력 아닐까요?

다육식물과 함께 살기

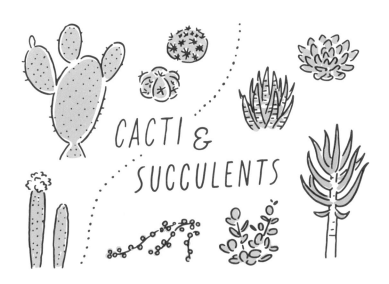

환경에 맞추어 진화한 독특한 생김새

다육식물의 귀여운 생김새에 이끌려 하나 둘 집에 들이기 시작한 분들 많으시지요? 잘 아는 것 같으면서도 알지 못하는 다육식물의 매력을 다육아트 전문샵 TOKIIRO에 물어 봤습니다.

　—다육식물의 종류는 수천 가지가 넘습니다. 공통점은 잎이나 줄기, 뿌리에 물을 저장할 수 있다는 것이지요. 주요 원산지는 중남미나 남아프리카의 건조지대로, 가혹한 환경에서 살아남기 위해 진화한 각양각색의 모습이 매력 포인트입니다. "너는 어쩌다가 그런 모양이 되었니?" 하고 물어보고 싶이질 때도 있어요. 계절에 따라 울긋불긋 물드는 모습도 다육식물의 매력

중 하나입니다.

다육식물은 햇빛을 좋아합니다. 사실 그래서 다육식물 중 상당수가 실내에서 키우기에는 적합하지 않아요. 베란다나 정원같이 야외에서 키우거나, 실내라면 가능한 직사광선을 받을 수 있는 곳에 놓아 주세요. 빛이 부족하면 웃자라서 비실비실하게 키만 쑥 자라 버린답니다. 또한 다른 식물과 마찬가지로 바람이 잘 통하는 장소에 두는 것도 중요합니다.

물주기는 품종이나 주위 환경에 따라 다르지만 대략 2주에 한 번, 흙이 말랐을 때 물빠짐 구멍으로 물이 흘러나올 때까지 충분히 줍니다. 다육식물은 물을 주지 않아도 된다고 생각하기 쉽지만, 물을 아주 좋아한답니다. 잎에 수분을 저장할 수 있기 때문에 너무 많이 주면 안 될 뿐, 다른 식물보다 살짝 적게 주는 정도면 충분합니다.

다육아트를 즐겨 봐요

화분 속에서 펼쳐지는 다육식물의 작은 우주

TOKIIRO에서는 다양한 다육아트 작품을 창작하고 있습니다. 작은 화분에 다육식물을 꽃다발처럼 모아서 심어 보세요. 도예작가의 손에서 탄생한 비정형의 도자기와 각양각색의 식물이 어우러져 숲을 이룹니다.

살아 있는 다육식물로 벽을 장식하는 리스를 만들 수도 있습니다. 리스의 응용편으로 물이끼와 나무판을 사용한 액자형 벽장식도 있습니다. 시간과 함께 성장하면서 화폭에 변화가 그려내는 입체적인 그림을 즐길 수 있습니다. 이외에도 행잉 화분에 심으면 벽이나 천장에 걸 수도 있지요. 이렇게 자유롭게 활용할 수 있어서 다육식물의 매력은 끝이 없습니다.

작은 화분 속에 숲 같은 작은 우주가 펼쳐지는
다육아트 작품. 마음에 드는 작은 그릇에 물빠
짐 구멍을 뚫고 여러 가지 다육식물을 모아서
심어 보세요. 자세한 방법은 80쪽에서.

화분 고르기의 기본

화분과 화분커버 크기 선택하기

화분의 크기는 호수로 표시합니다. 1호 화분은 지름이 약 3cm 정도입니다. 화분에서 가장 두꺼운 부분의 지름을 기준으로 호수를 정하는데, 지름이 24cm라면 8호가 되는 셈이지요. 같은 호수라도 높이는 제각각이라서 낮은 화분도 있고, 높은 화분도 있습니다.

화분커버는 크기에 주의하세요. 화분커버가 너무 크거나 깊으면 화분의 흙에 햇빛이 닿지 않고 바람도 통하지 않아 곰팡이가 생길 수도 있으니까요.

화분이 크고 무거울 때는 바퀴가 달린 화분커버를 쓰면 좋습니다. 청소를 할 때나 매장의 디스플레이를 바꿀 때 등 화분을 옮겨야 할 때 수월합니다.

화분의 소재를 선택할 때는 외관과 기능을 함께 고려

화분은 인테리어에 중요한 포인트입니다. 식물에게도 좋고 보기에도 좋은 것을 고르고 싶기 마련이지요. 매장에서 사온 상태 그대로라면 식물은 플라스틱 화분이나 검정 비닐 용기에 심겨 있을 거예요. 그리 멋있어 보이지는 않지만 식물이 성장하기에는 나쁘지 않은 소재입니다. 그러니 식물을 사오자마자 무리해서 분갈이를 할 필요는 없습니다. 디자인 요소가 부족하다면 화분커버로 보완해 보세요. 화분커버라면 나무를 엮어 만든 바구니나 물빠짐 구멍이 없는 도자기 같은 소재도 얼마든지 선택할 수 있습니다.

　화분 소재에는 여러 가지가 있지만, 식물만 생각했을 때 초벌구이 토분이 가장 좋습니다. 공기가 잘 통하고 겨울에 물을 주어도 뿌리가 잘 얼지 않습니다.

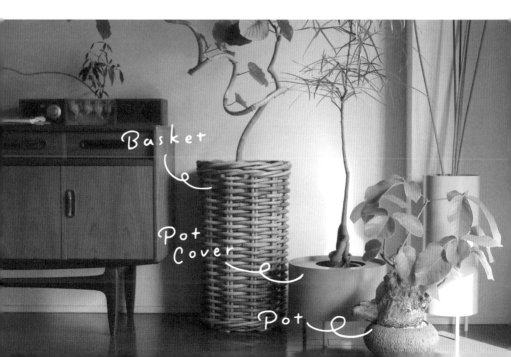

화분과 화분커버를 고르는 즐거움

모양, 소재, 색, 크기, 식물과의 조합은 무한대

집안 인테리어에 잘 어울리는 화분과 화분커버를 찾아봅시다. 좋아하는 요
리에 어울리는 그릇을 찾듯이, 식물과 화분의 조화를 즐겨 봐요. 요새는 자
유로운 형태의 화분이 많아서 식물의 모양에 맞추어 변화를 무한대로 만들
어낼 수 있습니다. 직접 분갈이를 하기가 아직 어렵게 느껴진다면, 마음에
드는 화분에 식물을 심어서 파는 매장을 찾아봅시다.

여기에서는 화분과 화분커버를 고를 때 참고할 수 있는 매장 몇 곳을 소개
합니다. 집안을 꾸밀 때 참고해 주세요.

(매장 정보는 224~227쪽에 있습니다.)

AYANAS | 아야나스

어떤 인테리어에도 잘 어울리면서 식물을 키우기에도
편한, 디자인과 기능을 겸한 자체 제작 화분과 기본형 화
분을 취급합니다. 흔할 것 같지만 의외로 찾기 힘든 심플
하면서도 편리한 화분이 매력적입니다.

SNARK | 스나크

건재사무소 SNARK가 제안하는 스틸 제품 시리즈. 마치
공업제품 같은 디자인과 표면의 컬러링이 공간과 조화
를 이룹니다. 화분커버뿐 아니라 바로 식물을 심을 수 있
는 상품도 있습니다.

HACHILABO | 하칠라보

심플하기만 해서는 정겨운 맛이 없고, 그렇다고 지나치게 화려하면
식물과 어울리지 않는다는 문제를 해결해 주는 '매력적이면서도 식
물을 돋보이게 하는 화분'이 있습니다. 도예가가 만든 세상에 단 하
나뿐인 작품을 중심으로, 아무리 까다로운 사람도 만족할 만한 상
품이 가득합니다.

aarde | 아르데

오랜 역사를 가진 화분 회사 오미토키가 일반인 대상으로 연 온라인 매장으로 전문점이라서 가능한 다양한 화분이 강점입니다. 사이즈, 분위기, 소재가 다양해 마음에 드는 화분을 분명 찾을 수 있을 거예요.

CERAMIC

Concrete

ROUSSEAU | 루소

독창적인 테라리움이 매력적인 브랜드 루소. 광물 결정
같은 유리 다면체가 시적인 분위기를 자아냅니다. 흙을
넣어 다육식물을 심거나, 물을 담아 꽃병으로 쓰거나 수
경재배에 활용할 수도 있어요. 한 점밖에 없는 작품도 많
습니다.

Flying | 플라잉

공간 연출과 디스플레이 디자인을 중심으로 이벤트 기
획과 상품 개발까지 범위를 넓혀가고 있는 Flying. 박쥐
란을 벽에 걸기 위한 나무판이나 이끼볼 받침대 등 인테
리어 센스를 단숨에 높여줄 아이템을 소개합니다.

menui

내추럴, 아시안, 쉐비, 북유럽, 컨트리 등 다양한 인테리어에 폭넓게 어울리는 각종 바구니 아이템 전문점. 화분 커버로 꼭 사용해 보시기를 추천합니다. 바구니 전문점 menui에는 세계 각국의 다양한 바구니가 모여 있습니다. 철제 행잉 바스켓이나 양철 물뿌리개 등도 식물과 아주 잘 어울려요.

ideot

화분커버는 소재를 자유롭게 고를 수 있다는 점이 매력
입니다. 라이프 스타일 숍 ideot에서는 이란 유목민의
전통적인 수제 융단 올드가베로 만든 화분커버를 취급
하고 있습니다. 그 외에 전통적인 이미지와 모던함을 겸
비한 화분도 있어요.

해가 잘 드는 장소에 식물을 모으자

햇살 드는 창가는 식물을 위한 특등석

식물에게는 당연히 햇빛과 바람이 중요하지만, 세상에는 햇볕이 쨍쨍 내리쬐는 집만 있는 것은 아니지요. 현실적으로 지금 사는 집에서 가능한 좋은 환경을 찾아 주기로 해요. 그러려면 가장 해가 잘 드는 장소에 식물을 모아 두는 배치 방식을 추천합니다. 화분이라면 창가에 그대로 놓아도 좋고, 작은 식물은 햇살 좋은 장소에 테이블이나 스툴을 두어 높이가 있는 지정석을 마련해 줍니다. 인테리어나 가구 배치를 고민할 때 미리 가장 해가 잘 드는 창가에 식물 전용 테이블이나 선반을 두는 것이 제일 좋습니다. 식물과 오랫동안 함께 살고 싶다면, '식물 먼저' 생각해 주세요.

식물을 위한 전용 공간을 마련하자

집안 이곳저곳에 식물들이 뿔뿔이 흩어져 있다면, 한곳에 집중적으로 모아 봅시다. 한곳에 모아 두면 관리도 한 번에 끝낼 수 있고, 눈에 잘 띄기 때문에 깜빡하는 일도 없어집니다. 해가 드는 넓은 창문이 있다면 그 창가에 식물을 모아 보세요. 식물의 수가 적더라도 한쪽 벽에 식물 전용 공간을 마련하면 '식물이 있는 집'이라는 인상이 강해진답니다. 꽃을 한 송이씩 나누어 두는 것보다 꽃다발로 두는 쪽이 더 인상적인 것과 마찬가지지요. 식물과 함께 소품을 장식해 기분에 따라 배치를 바꾸는 것도 즐겁습니다.

꽃집처럼 선반을 두자

높이가 있는 선반으로 햇빛을 효율적으로

식물 전용 특등석을 또 어떻게 마련하면 좋을까요? 집안에 들어오는 귀중한 햇살을 가능한 많은 식물에게 쬐어 주고 싶다면, 높이가 있는 선반을 사용하는 것도 좋은 방법이에요. 선반에 식물을 모아 두면 집안의 한 구석이 마치 식물원처럼 변신합니다. 저는 이전 집에 살 때 높은 선반을 창가에 두어 식물 전용 공간으로 삼았습니다. 높은 선반을 둘 때는 잎이 아래로 늘어지는 식물을 두는 것이 포인트입니다. 디스키디아나 립살리스같이 덩굴이 뻗어 나와 늘어지는 식물을 두면 변화가 생겨 공간에 입체감이 느껴집니다. 오픈선반이나 디딤대, 사다리 선반 등도 화분 선반으로 추천합니다.

덩굴이 지지대를 타고 올라가게 하거
나 잎이 아래로 늘어지는 식물을 놓으
면 단조롭지 않게 배치할 수 있어요.
여기에서는 마다가스카르 재스민과
디스키디아를 두었습니다.

나무 상자를 활용한 선반. 높이에 변
화를 주고 싶을 때도 선반을 사용하면
편리합니다.

높이 차를 생각하며 배치하자

크고 작은 화분과 선반으로 높이에 변화를

식물을 배치할 때는 의식적으로 높이에 차이를 두면 좋습니다. 바닥에 화분을 두세 개 두었다면 그중에 하나를 스툴이나 미니 테이블 위에 올려 보세요. 선반 위에 작은 식물을 여러 개 늘어놓을 때도 화분의 높이를 각각 다르게 해 봅니다. 화분 받침대를 사용해도 좋겠지요. 천장에 식물을 거는 것도 효과적인 방법입니다(72쪽 참고).

식물의 크기를 다르게 해서 변화를 줄 수도 있어요. 오른쪽처럼 크기가 다른 화분 세 개가 삼각형 모양을 이루도록 배치합니다. 삼각형 모양을 만든다고 생각하면 쉽게 균형 잡힌 형태가 될 거에요.

얼굴이 위를 향하는 식물은 낮은 곳에

식물의 '얼굴'을 의식해 본 적이 있나요? 식물에게는 가장 멋있게 보이는 각도가 있는데, 그 방향에서 본 모습을 그 식물의 얼굴이라고 부릅니다.

예를 들어, 아가베는 얼굴이 위를 향하고 있어서, 바로 위에서 내려다보는 부감 구도가 가장 잘 어울립니다. 이런 종류의 식물은 허리 높이 정도의 수납장 등 약간 낮은 위치에 배치합시다. 함께 장식할 소품도 위에서 봤을 때 모양이 예쁜 아이템을 고르면 좋겠지요?

이렇게 인테리어와 어울리는 식물을 찾는 것도 식물을 키우는 즐거움 중 하나입니다.

식물이 가득한 그린 인테리어

식물의 이미지와 리듬감을 생각해서 조합한다

식물을 고르고 돌보는 데 익숙해지면 집에 많은 식물을 들여서 나만의 그린 인테리어를 꾸미고 싶어집니다. 열대지방 식물이 가득한 이국적인 느낌의 집, 희귀식물이 가득한 박물관 같은 집, 북유럽 인테리어에 관엽식물로 온 기를 더한 집…… 식물은 저마다 고향의 공기를 주위에 퍼뜨리는 힘이 있 습니다. 식물에게서 느껴지는 이미지를 인테리어에 활용해 보면 어떨까요?

많은 식물을 모아서 배치할 때는 일부러 같은 형태의 식물을 여러 개 나란 히 늘어놓거나, 잎의 방향이 다른 식물을 모아서 정글 같은 복잡한 공간을 만들어 보는 등, 리듬감이 느껴지는 배치를 즐겨 보세요.

식물을 한 폭의 그림처럼

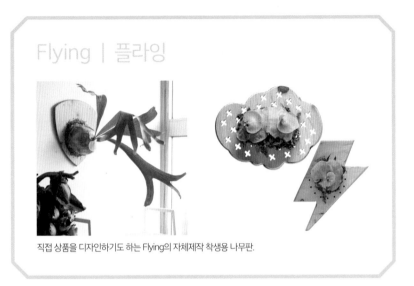

Flying | 플라잉

직접 상품을 디자인하기도 하는 Flying의 자체제작 착생용 나무판.

벽에 걸어서 그림처럼 감상해요

그림을 거는 것처럼 식물을 벽에 걸 수도 있어요. 난초나 고사리, 에어플랜트 등 나무나 바위에 붙어서 자라는 착생식물은 투수성, 보수성, 통기성이 있는 소재라면 착생해서 자랄 수 있습니다. 헤고(나무고사리)판이나 유목, 용암 등에 부착시킨 것을 자주 보셨을 거예요. 오래전부터 농가에서나 원예가들이 이런 형태의 작품을 종종 소개했습니다. 최근에는 인테리어 전문가나 디자이너의 시각에서 새롭게 해석한 제품이 만들어지고 있습니다. 이전에 비해 매장에서도 찾아보기 쉬워졌으니 한번 도전해 보면 어떨까요? 나무판에 식물을 착생시키는 방법은 84쪽에서 소개합니다.

베란다 가드닝을 즐겨 보자

야외 환경에 적합한 식물을

"나만의 정원을 갖고 싶지만, 아파트라서 방법이 없네요……" 이런 사람이라도 얼마든지 즐길 수 있는 것이 베란다 가드닝의 매력입니다. 좁은 공간이라도 잘 활용하면 얼마든지 나만의 정원을 꾸밀 수 있답니다.

　식물은 햇빛을 좋아한다지만, 요즘 같이 혹독한 여름 날씨는 어떤 식물에게는 힘들 수 있습니다. 그렇다면 그런 환경에서도 잘 자라는 식물을 골라야 하겠지요? 선인장이나 알로에 같은 다육식물은 직사광선에 강해 베란다에서 키우기 적합합니다. 관엽식물을 소개하는 2장에서는 야외 환경에 적합한 식물에 야외 마크를 붙여 두었으니 참고하세요.

겨울의 추위와 여름의 무더위 대책이 필요

베란다에 식물을 두면 실내에 있을 때보다는 눈에 잘 띄지 않아 물주기 등 돌보는 횟수가 줄어들기 쉬워요. 수분이 부족해도 잘 견디는 다육식물, 선인장, 알로에 등을 고르도록 합시다. 직사광선이 내리쬐면 흙도 건조해지기 쉬우니 아무리 바빠도 바짝 말라 버리지 않도록 신경을 써 주세요. 한여름에는 에어컨 실외기에서 나오는 공기가 닿지 않도록 주의해야 합니다. 햇살이 너무 뜨겁다면 차광막을 씌워서 그늘을 만들어 주세요. 또한 겨울의 추위도 열대식물에게는 큰 스트레스가 됩니다. 추위에 약한 식물은 겨울이 되면 실내로 옮겨 주세요. 베란다 바닥이 콘크리트라면 코르크나 우드데크를 위에 깔아서 극심한 온도차를 완화시킬 수 있습니다.

베란다 가든 크리에이터 RIKA 씨의 베란다(96쪽 참고).

에어플랜트를 키우는 여러 가지 방법

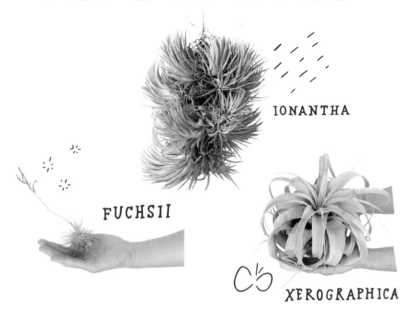

IONANTHA

FUCHSII

XEROGRAPHICA

인기 식물로 자리 잡은 에어플랜트

틸란드시아라는 식물을 아세요? 흙이 필요 없는 착생식물로, 에어플랜트라고도 불리며 인기를 끌고 있습니다. 원산지에서는 커다란 나무나 바위에 붙어서 잎과 줄기 전체로 수분을 흡수하며 자랍니다. 그래서 흙에 뿌리를 내릴 필요가 없어, 인테리어 소품을 장식하듯이 다양한 장소에서 키울 수 있습니다. 화분에 심은 식물과는 다른 에어플랜트만의 독특한 개성이 강한 존재감을 발합니다. 실내에서는 레이스 커튼을 통과한 부드러운 빛이 비치는 장소나 신문을 읽을 수 있을 정도의 밝은 그늘, 바람이 잘 통하는 장소를 좋아합니다. 종류가 수백 가지나 된다고 하니 한번 시도해 보면 어떨까요?

다양한 장소에 장식할 수 있는 것이 매력

에어플랜트의 가장 큰 매력은 다양한 방식으로 장식할 수 있다는 점입니다. 유리 용기나 바구니에 넣을 수도 있고, 선반에 소품과 함께 슬쩍 올려놓기만 해도 그림이 됩니다. 큰 포기를 천장에 매달 수도 있고, 드라이플라워처럼 벽에 걸 수도 있지요. 가벼우니까 다른 큰 나무의 가지나 커튼레일에 매다는 등 어디에든 장식할 수 있습니다. 또한 흙이 필요 없어 위생적이므로 식탁이나 부엌 등 위생에 신경 써야 하는 곳에 두기에도 안성맞춤입니다. 같은 이유로 매장 디스플레이나 사무실 인테리어에도 자주 사용됩니다. 단지 어디에 두든 통풍이 잘 되어야 한다는 점은 잊지 마세요.

유리 용기와 잘 어울리는 에어플랜트
작은 유리 돔에 넣어서 테라리움으로
즐기거나 행잉 용기에 넣어서 걸어 봐
요. 하지만 밀폐된 용기는 곤란합니
다. 통풍 확보를 잊지 마세요.

에어플랜트는 가벼워서 어디에든 매
달 수 있어요. 큰 관엽식물의 가지에
매달아도 독특한 분위기가 느껴져요.

Air Plants

화분 흙 위를 장식용 돌이나 우드칩으로 덮는 것을 멀칭
이라고 합니다. 흙의 건조나 해충을 막는다는 이점뿐 아
니라 인테리어 효과도 더 높일 수 있어요. 멀칭에 에어플
랜트를 사용하면 포인트가 됩니다. 화분 위를 에어플랜
트로 덮었더니 잎 표면에 난 잔털(트리콤)이 햇빛을 받아
빛나는 모습을 볼 수 있었습니다.

이끼 테라리움을 즐기자

GREEN LIFE

현대인을 위로하는 유리 속의 작은 숲

요즘 반려식물로서 이끼를 사용한 테라리움이 인기입니다. 이끼 테라리움 작가인 Feel The Garden의 가와모토 씨에게 이야기를 들어 봤습니다.

　—관엽식물을 키우고 싶어도 공간이 없거나 해가 잘 들지 않아서, 또는 아기나 동물이 있어 망설이는 분들이 있지요. 바빠서 물 줄 시간이 없는 경우도 있고요. 그런 분들에게 이끼 테라리움을 추천합니다. 밀폐된 유리병 속에 이끼와 모래, 돌과 인형으로 꾸민 숲과 산속 풍경이 펼쳐집니다. 물은 몇 주에 한 번씩 주면 되고, 내음성이 강해 어둑한 방이라도 문제없어요. 작은 테라리움이 도시에서의 바쁜 삶을 치유해 줄 거예요.

운치 있는 풍경 속에 풀을 뜯는 동물과 등산하는 사람의 모습이 보입니다. 가만히 바라보노라면 바쁜 일상이 잠시나마 잊힙니다. 직접 나만의 테라리움을 만들 수도 있습니다(82쪽 참고).

해가 닿지 않는 곳에는 식물 장식품을

모든 살아 있는 식물에게는 햇빛이 필요하다

창문이 없는 방이나 화장실에도 식물을 둘 수 있다면 좋겠지만, 햇빛 없이 살 수 있는 식물은 없습니다. 형광등이나 백열등 빛으로는 식물이 광합성을 할 수 없기 때문입니다. 어두운 환경에서도 꼭 식물을 즐기고 싶다면 드라이플라워, 리스, 하바리움(특수 용액이 담긴 병 안에 식물을 넣어 오래 보존할 수 있도록 한 것 - 옮긴이 주) 등의 장식품을 활용하면 어떨까요? 마음에 드는 식물을 사용해 직접 리스나 하바리움을 만들어 보는 것도 재미있을 거예요. 가지치기를 하면서 잘라낸 나뭇가지나 잎을 꽃병에 꽂아 장식하거나, 드라이플라워로 만들어 봐요. 새로운 즐거움을 느낄 수 있습니다.

꽃과 잎으로 만드는 다양한 장식품

역시 진짜 식물을 보면서 즐기고 싶다면, 꽃과 잎을 사용해 만든 장식품을 놓아 보세요. 드라이플라워 중에서는 꽃다발처럼 묶어 벽에 거는 스웨그나 갈랜드, 리스 등이 인기입니다. 허브 등 관엽식물을 사용한 것도 많은데, 특히 내추럴한 인테리어에 잘 어울립니다. 최근 인기를 끌기 시작한 하바리움을 두어도 좋겠지요. 살아 있는 꽃만이 아니라 가지와 잎, 나무열매 등을 사용한 것까지 다양한 종류가 있습니다. 내가 좋아하는 식물을 조합해서 스스로 만들 수 있다는 점도 하바리움의 매력입니다. 그 외에 크리스마스 리스, 새해맞이 장식 등 계절에 맞는 식물로 일상을 장식해 보세요.

하바리움은 식물 옆에 함께 배치해도 잘 어울립니다. 생화 또는 드라이플라워만이 아니라 나뭇가지, 열매, 씨앗, 뿌리, 마른 식물 등을 병에 담았습니다.

식물과 잘 어울리는 동식물 모양 소품

작은 관엽식물을 여러 개 진열할 때는 소품과 잡화를 조합해 보세요. 어떤 소품을 두면 좋을지 고민될 때는 동물, 식물, 광물 등 자연의 모양에서 착안한 것을 고르면 잘 어울립니다. 식물이 자라는 자연환경을 생각하면서 숲속 풍경을 떠올리게 하는 아이템을 모아도 즐거울 거예요. 자연에서 온 소재인 돌, 식물, 바구니 등과, 이질적인 소재 중에서는 유리, 철 등이 조합하기 쉽습니다. 액자에 넣은 포스터나 사진, 예술 작품 등도 좋겠지요. 식물과의 대비를 생각해 봅시다.

ROUSSEAU | 루소

자연물의 일부를 표본처럼 유리 플레이트 속에 넣은 'A piece of nature' 시리즈. 정갈한 분위기가 다육식물이나 에어플랜트와도 잘 어울립니다.

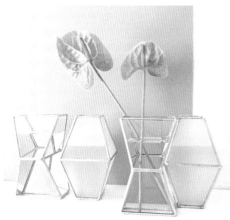

사다리꼴을 조합한 기하학적 형태의 유리 꽃병. 정원이나 화분에서 키운 식물을 잘라서 꽃병에 장식해보는 것도 색다른 재미를 줍니다. ROUSSEAU의 상품 중에는 테라리움으로 즐길 수 있는 것도 있습니다(47쪽 참고).

Hanging

식물을 장식하는 색다른 방법, 행잉

좁은 공간에도 많은 식물을 둘 수 있는 방법

식물을 세련되게 장식하고 싶다면 빼놓을 수 없는 것이 행잉. 천장에 후크를 달아 식물을 매달거나, 커튼레일이나 라이팅 레일에 걸어서 초록빛 가득한 공간을 연출할 수 있어요. 좁은 공간이나 작은 방에 커다란 식물을 둘 수 있다는 점도 매력적이지요.

행잉에는 잎이 늘어지는 타입의 식물이 잘 어울립니다. 립살리스나 호야 등은 매장에 둘 때 행잉 화분에 심어서 진열하는 경우가 많습니다. 이외에도 박쥐란(76쪽 참고)같이 작아도 존재감이 있는 식물을 걸어 두면 집 전체의 분위기가 완전히 바뀌기도 합니다.

식물을 매다는 여러 가지 방법

걸이가 달린 행잉 화분을 사용하기도 하고, 마크라메나 바구니를 사용하기도 합니다. 화분은 가볍고 물빠짐 구멍이 있는 것을 선택합니다.

임대주택이라면 천장이나 벽에 구멍을 뚫기가 망설여지지요. 커튼레일이 가장 간편하지만, 창가가 아닌 곳에도 걸고 싶다면 타공보드를 추천합니다. 벽에 타공보드를 세우면 많은 식물을 모아서 걸 수 있습니다. 행잉 플랜트에 물을 줄 때는 밖으로 꺼내서 충분히 주고 물빠짐 구멍으로 더 이상 물이 흘러나오지 않을 때까지 둔 다음 원래 자리에 돌려놓습니다.

박쥐란을 벽에 걸어 봐요

흙이 필요 없어서 벽에 걸기 쉬워요

박쥐란이라는 이름으로 더 잘 알려진 인기 있는 양치식물 플라티케리움. 지브리 애니메이션에 나올 것만 같은 신기한 생김새를 하고 있지요. 박쥐란은 원래 나무나 바위에 붙어서 자라는 식물이에요. 그래서 화분이 아니라 이끼나 나무판, 유목에 착생시킨 상품도 유통됩니다. 이끼볼에 착생시킨 것은 가벼워서 매달기에도 적합합니다. 조각 작품 같은 외관 덕분에 인테리어에도 단단히 한몫을 합니다. 크게 자란 박쥐란은 집안의 심볼트리가 될 만한 존재감을 뿜냅니다. 나무판에 착생시킨 목부작 작품은 58쪽과 84쪽에서 소개합니다.

마크라메 행잉으로 화분 걸기

하나만 있어도 온 집안이 화사해지는 플랜트 행거

매듭을 엮어서 아름다운 문양을 만들어 내는 마크라메. 요즘 이 마크라메로
만든 플랜트 행거가 인기입니다. 마크라메 작가인 하기노 아키 씨의 이야기
를 들어 봤습니다.

　—제가 마크라메를 처음 접한 것은 갤리포니아의 빈티지 숍에서였습니다.
70년대에 만들어진 멋진 마크라메 태피스트리를 보고 매료되었어요. 마크
라메는 100년 전에 지어진 집에도, 모던하고 세련된 인터리어에도 어울리

는 신기한 매력이 있지요. 마크라메에 화분을 건다면 디스키디아처럼 잎이 아래로 처지는 식물을 추천합니다. 걸어 두기만 하면 쑥쑥 자라기 때문에 집안이 화사해진답니다.

에어플랜트를 걸기에도 딱 좋은 마크라메

에어플랜트는 벽이나 천장에 걸어놓고 키우기에도 안성맞춤인 식물입니다. 걸어두면 잎에 햇빛이 골고루 닿아서인지 잎을 더 넓게 펼치는 느낌입니다. 물기가 남으면 쉽게 물러 버리는 에어플랜트의 특성에도 딱 맞습니다.

물을 줄 때 매번 플랜트 행거에서 화분을 꺼내기가 귀찮다면 물빠짐 구멍이 없는 화분을 추천합니다. 구멍이 있는 화분은 받침을 깐 채로 플랜트 행거에 장착하면 실내에서도 물이 흘러내릴 걱정이 없습니다.

간단한 형태라면 직접 손으로 엮어 만들 수도 있는 마크라메 행잉. 마음에 드는 식물을 걸어서 즐겨 보세요.

섬세한 매듭의 문양이 아름다운 하기노 씨의 마크라메 행거. 햇살과 바람이 골고루 닿는 상태를 유지할 수 있는 것이 행잉의 장점입니다. 하기노 씨의 자택에서는 행잉으로 키우는 디스키디아가 벌써 여러 번 꽃을 피웠다고 해요.

How to
다육식물 모아 심기

재료

- 화분(물빠짐 구멍이 있는 것)
- 화분망
- 가위
- 핀셋
- 나무주걱
- 와이어
- 모종삽
- 다육식물용 흙
- 다육식물 모종

1

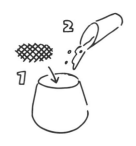

화분의 물빠짐 구멍에 화분망을 깔고 3분의 1 정도까지 흙을 채웁니다.

2

모종을 준비합니다. 핀셋을 사용해 수직으로 들어 올려 흙에서 분리합니다. 커다란 포기는 손으로 흙을 살살 털어내면서 포기를 나눕니다. 모종에 묻은 흙은 그대로 둡니다.

3

모아서 심고 싶은 다육식물을 손으로 꽃다발처럼 모아 들고 화분에 집어넣습니다.

4

생각한 대로의 형태가 완성되면 한 손으로 식물을 감싼 채 옆쪽으로 흙을 채웁니다. 포기가 위로 솟아오르지 않도록 모종을 단단히 고정합니다.

5

작은 나무주걱으로 모종 틈새까지 흙은 채웁니다. 모종이 안정적으로 자리 잡을 때까지 흙을 더해 가며 꼼꼼히 채워 넣기를 반복합니다. 화분 가장자리가 5미리 정도 보이는 높이까지 흙을 채웁니다.

6

어울리는 형태가 되도록 가위로 다듬거나 모종을 추가로 심습니다. 필요시 U자 모양으로 구부린 와이어로 모종의 위치를 정돈해 완성합니다.

Complete!

[감수 TOKIIRO]

How to
이끼 테라리움 만들기

재료

- 유리병
- 이끼(비단이끼, 편백이끼 등)
- 장식용 모래와 돌
- 핀셋
- 분무기
- 스포이트
- 테라리움용 흙
- 인형

1

테라리움용 흙을 병에 채웁니다. 흙 전체가 젖도록 물을 붓고 여분의 물은 스포이트로 빼냅니다.

2

장식용 모래와 돌을 넣습니다. 비단이끼는 흙이 붙은 부분을 가위로 잘라내고 작은 덩어리로 만들어 핀셋으로 심습니다.

3

편백이끼는 몇 개의 포기를 모아 들어 같은 길이로 자르고, 핀셋 사이에 포기가 세워진 채 끼워지도록 집어 들어 흙에 꽂습니다.

4

색감이 서로 다른 장식용 모래를 사용해 풍경을 만듭니다. 모래가 흘러내린다면 물로 적셔 주세요.

5

분무기로 전체를 씻어내고 티슈로 병 내부를 닦아 냅니다.

6

핀셋으로 인형을 배치하고 전체적인 균형을 보면서 모래와 돌 등의 모양을 정돈해 완성합니다.

Complete!

[감수 Feel the Garden 이끼의 테라리움]

How to
박쥐란 목부작 만들기

재료

- 박쥐란(흙이 묻어 있으면 샤워기로 씻어 냅니다.)
- 나무판(이번에는 목부작 전용 나무판을 사용했습니다. 일반적인 나무 판자를 사용할 때는 구멍을 뚫거나 못을 박아 박쥐란을 고정합니다.)
- 물이끼
- 코코칩(코코넛의 껍질을 가공한 원예용 배양토. 없어도 가능)
- 낚싯줄(6호)
- 투명 재봉사
- 가위

1

물에 담갔다가 물기를 짜낸 물이끼를 나무판 위에 도넛 모양으로 깔아 토대를 만듭니다. 토대의 움푹 파인 부분에 물로 적신 코코칩을 채웁니다.

2

박쥐란의 뿌리 주위를 물이끼로 감쌉니다. 뿌리에 흙이 묻어 있으면 물을 줄 때마다 스며 나올 수 있으므로 깨끗하게 씻어 냅니다.

3

박쥐란을 토대 위에 올리고 둥글게 모양을 다듬습니다. 박쥐란의 영양잎이 물이끼 표면을 덮으면서 성장하게 됩니다. 생각한 형태에 가까워지면 낚싯줄을 나무판의 구멍에 통과시켜 고정합니다.

4

낚싯줄로 나무판에 박쥐란을 부착합니다. 구멍이 없는 나무판이라면 못을 박아서 거기에 낚싯줄을 감습니다. 낚싯줄이 생장점에 걸리지 않도록 주의합니다.

5

물이끼가 떨어지지 않도록 투명 재봉사로 고정합니다. 물이끼 위를 느슨하게 감싸도록 나무판 쪽에서 위를 향해 전체를 둘러쌉니다. 15번 이상 실을 두르기를 권장합니다. 마지막으로 실을 자르고 끝을 물이끼 속에 숨깁니다.

Complete !

[감수 Flying]

식물에게 이름표를 붙여 주어요

직접 만드는 원예 라벨

집에서 키우는 관엽식물의 이름, 정확히 말할 수 있나요? 학명으로 불리는 식물은 좀처럼 기억하기 어렵지요. 잊어 버리지 않도록 라벨에 이름을 써서 붙여 둡시다. 정원을 가꿀 때는 이름만이 아니라 심은 날짜 등 식물을 가꿀 때 도움이 되는 정보를 써 두기도 한답니다. '원예 라벨'이라는 이름으로 찾아보면 플라스틱이나 나무 등 여러 가지 소재로 만들어진 것을 찾아볼 수 있습니다. 비바람에 노출되는 야외 화단이 아니라 실내에서 키우는 화분용 이라면 두꺼운 종이 등으로 직접 만들어 봐도 좋겠지요. 인테리어와 어울리는 라벨을 만들어 보세요.

라벨은 흙에 꽂기도 하고 가지에 매달기도 해요. 깔끔한 일자 라벨이 작은 선인장과 잘 어울립니다.

흙에 꽂는 타입이 있고 꼬리표처럼 매다는 타입도 있어요. 식물에 맞게 골라서 사용해 보세요.

꼭 필요한 원예 도구들

마음에 쏙 드는 도구로 식물을 가꾸어요

식물이 가득한 인테리어를 오래 유지할 수 있도록 가꾸는 시간도 일상의 즐거움 중 하나입니다. 수시로 물을 뿌려 주고, 때때로 분갈이도 해야 하지요. 식물이 있는 삶을 더 즐겁게 만들어 주는 원예 도구들을 소개합니다.

물을 줄 때는 물뿌리개와 분무기가 필요합니다. 정원이나 발코니가 있다면 호스를 감아서 정리하는 호스릴도 있으면 편합니다.

흙을 만질 때는 모종삽, 앞치마, 고무장갑과 목장갑이 있으면 편리합니다. 가지치기를 하려면 원예용 가위도 필요하시요. 늘어나는 도구를 한곳에 수납할 수 있는 전용 가방이 있으면 정리하기 쉽습니다.

VOIRY STORE

물뿌리개도 디자인이 예쁘면 어디에 두어도 보기 좋은 법이지요. 인테리어에 어울리는 것을 찾아봅시다.

도구류가 늘어나면 커다란 토트백에 넣어서 정리해 봐요. 폴리에틸렌이나 나일론 등 얇고 가벼운 소재로, 용량이 큰 것을 추천합니다.

분갈이 등 흙을 만질 때는 목장갑이 필요해요. 흔한 흰색이 아닌 컬러풀한 색감에 기분이 좋아집니다.

Royal Gardener's Club

폴란드제 분무기. 눌렀을 때만이 아니라 손가락을 뗐을 때도 분무가 되어서 편리합니다. 잎에 물을 뿌려줄 때마다 함께하는 매일의 필수품.

정원이나 베란다가 있다면 호스도 신경 써서 골라 보세요.

꽃의 이름을 붙인 다양한 색깔이 귀여운 FIELD GOOD 시리즈. 금속 가공으로 유명한 쓰바메산조 지역에서 만들어져 품질도 굿!

보통 원예용 가위는 크기가 커서 손이 작은 사람은 시용하기 힘들다는 인식이 있는데, 이 가위는 손바닥 크기를 고려해서 세삭뇌었어요. 가지치기를 할 때 하나 있으면 편리합니다.

다양한 색상을 고를 수 있어서 좋은 물뿌리개. 슬라이드식 뚜껑이 붙어 있어 물을 쏟을 염려가 없어요. 사이즈는 4리터와 6리터.

초록이 있는 삶

case

1

하마지마 데루 씨의 집

와카야마현에 사는 회사원. 34세. 아내와 아이, 강아지 두 마리와 함께 복층 구조의 아담한 단독주택에 살고 있습니다. 식물을 키운 지는 5년 정도. 박쥐란, 틸란드시아, 괴근식물 등 다양한 식물을 키우고 있습니다.

@ @botanical.0715

탁 트인 거실은 일상을 잊게 하는 초록색 공간

한 번 보면 동경할 수밖에 없는 하마지마 씨의 자택. 개방적인 복층 구조의 거실에 식물이 가득 걸려 있어 열대우림 같은 분위기마저 자아냅니다. 박쥐란, 틸란드시아, 괴근식물을 비롯한 수많은 식물이 즐비합니다.

— 저는 집을 지으면서 식물을 키우게 되었어요. 거실이 복층 구조로 개방적이기 때문에 그것을 이용해서 비일상적인 공간을 만들어 보려 했습니다. 걸어서 키우는 식물과 화분을 조합해서 야외 같은 공간이 되었지요. 식물은 집에 가져오고부터가 시작이에요. 오래 함께 살려면 매일 관찰하고, 아이를 키우듯이 지켜보면서 애착을 갖는 것이 중요하다고 생각합니다.

01 인상적인 거실. 식물을 위해서 천장의 실링팬이
   365일 쉼 없이 돌고 있다.
02 정원수도 멋진 하마지마 씨 자택.
03 창가의 선반에는 다육식물과 함께 자기 차례를 기
   다리는 화분들이 나란히 나란히.

04

05

06

04 계단과 계단 옆 공간을 활용한 콜렉션이 압권.

05 부엌에도 커다란 화분이 하나.

06 봄에서 가을까지는 식물을 집 밖 정원에서 관리한 다고.

07 거실에 식물들이 모두 모이는 겨울 풍경.

08 희귀한 괴근식물도.

09 착생식물인 틸란드시아 듀라티.

10 식물과 화분의 조합에 주목.

11 인기 식물 박쥐란도 다수. 초심자에게는 적응력이 강한 플라티케리움 비푸르카툼을 추천한다고.

CASE

초록이 있는 삶

case

2

RIKA 씨의 집

식물과 식물이 있는 공간의 쾌적함을 많은 사람들에게 알려 주고 싶어서, 베란다 가든 크리에이터, 미도리노잣카야의 코디네이터로 활동하고 있습니다.

⬚ skipkibun_rika

아파트에서 가꾸는 비밀의 화원

'아파트에 살고 있지만 식물로 가득한 정원을 갖고 싶어.' 이런 바람을 실현하고 있는 베란다 가든 크리에이터 RIKA 씨. 아파트의 한구석이라고는 생각하기 힘든 초록이 넘치는 공간을 만들어내고 있습니다.

―2007년에 지금의 아파드로 이사한 것을 계기로 베란다 정원을 가꾸기 시작했어요. 한정된 공간이라서 식물을 둘 수 있는 양에는 한계가 있어요. 나무 상자나 울타리로 높이가 다른 공간을 만들고, 벽과 바닥이 드러나지 않게 소품을 상식하는 등 식물만이 아니라 공간 전체를 즐기려 합니다. 흙을 만지면서 식물을 키우다 보면 마음이 편해지는 걸 실감해요.

01 바닥에는 우드데크를 깔고 벽은 나
무나 천을 둘러서 감추었더니 생활
감이 없는 공간이 탄생했다.

02 고재를 사용해 만든 작업대. 식물 선
반의 높이가 맞지 않을 때는 박스나
나무판자를 사용해 조절한다고.

03 베란다에서는 모아 심기를 즐긴다.
이웃집을 생각해 낙엽이나 흙은 항상
신경 써서 깨끗하게 치운다고 한다.

04 공간을 만들 때는 높이 차이를 의식
한다.

05

06

05 식물과 소품을 함께 진열한 장식장. "보는 재미가
　있도록 색조와 모양이 비슷한 것끼리 모으기보다
　는 서로 다른 것들을 함께 배치해 두었어요."
06 행잉은 핸드메이드 마크라메. 직접 만들면 소재와
　디자인도 얼마든지 내 마음대로.
07 해가 들지 않는 실내에는 조화를 장식했다.
08 산세베리아와 알로카시아 오도라를 양배추 박스
　위에. 옮길 때 편하도록 바퀴를 달았다.
09 아프리카풍 무늬가 들어간 화분에는 커피나무를.
　날씨에 맞추어 베란다에 이동시키면 식물이 눈에
　띄게 건강해진다.
10 다양한 소재로 된 화분과 용기가 재미있다.

CASE

초록이 있는 삶

case

3

HANA 씨의 집

사이타마현에 사는 주부. 분위기 있는 삶을 꿈꾸며 식물에게서 위안을 받는 나날입니다. 테이블 장식에 정원에서 가져온 식물을 사용하거나, 리스나 스웨그를 만들어 장식하며 식물과 함께하는 삶을 즐기고 있습니다.

🅞 h.m.m.150406

전체적인 인테리어의 분위기와 균형감각을 중시

레이스 커튼에 스며드는 그림자가 아름다운 HANA 씨의 거실. 센스 있게 배치된 식물이 안락한 공간을 만들어 냅니다.

　—식물을 배치할 때는 전체 균형을 중요하게 생각해요. 단조로워 보이지 않도록 높이 차를 두고, 오래된 도구나 포스터, 스툴 같은 아이템을 조합해서 전체적인 분위기를 만드는 데 신경을 씁니다. 식탁에 꽃이나 식물을 장식할 때도 특징이 있는 그릇에는 심플한 꽃을 조합하거나 한 종류만을 사용하는 식으로 균형을 잡아줍니다. 정원에 있는 올리브나 유칼립투스, 로즈마리, 아이비로 장식하기도 해요. 이때도 역시 조화를 중요하게 생각합니다.

01

02

01 식물이 쑥쑥 자랄 것만 같은 빛으로 가득한 거실.
창가에 식물 그림 포스터나 양철 양동이 등 식물
과 함께 둔 소품도 근사하다.

02 핸드메이드 미모사 리스가 생활에 계절감을 더해
준다.

03

03 "식물과 함께 둘 아이템을 찾는다면 고물상에 가 보세요. 양철 양동이나 바구니같이 식물과 함께 두면 분위기를
　　더해 주는 소재들이 정말 많아요."

04 바나나 케이크에 뜰에서 꺾어온 올리브 가지를 곁들여서.

05 HANA 씨의 추천 식물은 립살리스와 디스키디아. 둘 다 건조한 환경에 강해 행잉에도 적합하다.

06 멋진 바구니 모양의 화분커버.

04

05

06

제 2 장

관엽식물 64

세상에 있는 많고 많은 식물 중에
나와 함께 살기에 적합한 식물은 무엇일까?
이런 고민을 해결하기 위해
식물 전문점 AYANAS의 사카이노 씨가
64종의 식물을 엄선했습니다.
오래전부터 봐온 친숙한 식물부터
요즘 유행하는 생소한 식물까지,
하나하나 알기 쉽게 소개합니다.

식물도감 보는 방법

1 학명

2 과, 속

3 별명 우리나라에서만 불리는 이름이나 시장에서 유통될 때의 이름 등 별칭이 있는 경우
여기에 기재했습니다.

4 명칭 일반적인 명칭을 기재합니다.

5 내한성 🍃🍃 🍃🍃 🍃🍃🍃

추위에 견디는 힘을 기호로 표시했습니다. 검은 잎이 많을수록 추위에 강함을 의미합니다.

6 사이즈 (S) (M) (L)

지면에 게재한 개체의 사이즈를 나타냅니다. [S]는 아담한 테이블 사이즈, [M]은 양손으로 들 수
있을 정도의 사이즈, [L]은 바닥에 두고 키우는 사이즈를 이미합니다. 사진으로 소개된 개체는 작
더라도 나중에는 크게 자라는 식물도 많다는 점에 주의해 주세요.

7 물주기 **A B C D**
202쪽 203쪽 204쪽 205쪽

그 식물에 적합한 물주기 유형을 표시했습니다. 알파벳 아래의 페이지에 구체적인 물주기 방법을
설명해 두었습니다.

8 일조량 ☀️ 🏠 🏚️
야외 햇빛 드는 실내 반그늘

그 식물이 자라기에 적합한 일조량을 그림으로 표현했습니다. [야외]는 정원이나 베란다. [햇빛
드는 실내]는 남향의 창가 등 햇빛이 내리쬐는 장소, [반그늘]은 하루 중 몇 시간만 해가 드는 장
소 또는 직접 해가 들지는 않지만 신문을 읽을 수 있을 정도의 밝기가 확보되는 장소를 뜻합니다.

1 2 3 4 5 6 7 8

Asparagus macowanii
아스파라거스과 아스파라거스속
별명 | 아스파라거스 미리오클라두스

내한성

사이즈 M

물주기 A 202쪽

일조량 야외

아스파라거스 마코와니

채소 아스파라거스의 친척이지만 먹을 수는 없어요. 꽃꽂이용으로도 사용하는 몽실몽실한 잎이 특징입니다. 한랭지가 아닌 지역에서 서리와 북풍을 맞지 않는 장소라면 야외에서도 월동할 수 있습니다. 베란다 정원의 포인트로 활약해 줄 겁니다. 뿌리가 위로 솟아오르도록 키운 것도 가끔 찾아볼 수 있습니다.

포인트
- 일조량이 부족하면 웃자라니 햇빛을 많이 쬐어 주세요.
- 성장이 빠르기 때문에 분갈이와 포기나누기, 가지치기를 부지런히 해 주어야 해요.

112

Agave potatorum
아스파라거스과 용설란속
별명 | 왕비뇌신금

내한성	사이즈	물주기	일조량
🌿🌿🍃	Ⓢ	A 202쪽	☀ 야외

아가베 뇌약금

멕시코를 비롯한 중앙아메리카의 덥고 건조한 지대가 고향인 아가베. 아가베 뇌약금은 그중에서도 인기 있는 품종입니다. 일본에서는 오래전부터 보급된 유명한 품종이기도 합니다. 성장이 느린 편이라 작은 화분을 여럿 키우고 싶은 사람에게 추천합니다.

포인트

● 다육식물의 일종이므로 햇빛이 중요합니다. 베란다나 야외에 두세요.

● 물을 너무 많이 주거나 화분받침에 물이 고인 채로 두면 뿌리가 썩을 수 있으니 주의하세요.

GREEN
LIFE

이 사진의 화분은 테이블 사이즈 크기지만, 나중에는 지름이 1미터까지도 자란답니다.

아글라오모르파 코로난스

스펀지같이 폭신폭신한 뿌리줄기를 가진 양치식물. 이 뿌리는 지면을 따라 점점 넓게 펼쳐지는 것이 특징으로, 화분에 심으면 화분을 붙잡듯이 달라붙어 자랍니다. 양치식물치고는 건조해도 제법 잘 견디지만, 건강하게 자라려면 항상 촉촉한 편이 더 좋습니다. 고온다습한 동남아시아가 원산지입니다.

포인트

● 잎에 물을 분무해서 수분을 보충합니다.

● 실내에서는 물러지기 쉬우니 통풍을 충분히 해 주세요.

칼집을 넣은 듯한 하늘하늘한 긴 잎이 특징입니다.

Asparagus macowanii
아스파라거스과 아스파라거스속
별명 | 아스파라거스 미리오클라두스

내한성

사이즈

M

물주기

A

202쪽

일조량

야외

아스파라거스 마코와니

채소 아스파라거스의 친척이지만 먹을 수는 없어요. 꽃꽂이용으로도 사용하는 몽실몽
실한 잎이 특징입니다. 한랭지가 아닌 지역에서 서리와 북풍을 맞지 않는 장소라면 야
외에서도 월동할 수 있습니다. 베란다 정원의 포인트로 활약해 줄 겁니다. 뿌리가 위로
솟아오르도록 키운 것도 가끔 찾아볼 수 있습니다.

포인트

● 일조량이 부족하면 웃자라니 햇빛을 많이 쬐어 주세요.

● 성장이 빠르기 때문에 분갈이와 포기나누기, 가지치기를 부지런히 해 주어야 해요.

몽실몽실한 잎이 특징. 성장하면 2미터 정도까지 커진답니다.

Asplenium nidus 'cobra'
꼬리고사리과 꼬리고사리속
별명 | 코브라 아비스, 코브라 대극도

내한성

사이즈
L

물주기
A
202쪽

일조량
햇빛 드는 실내   반그늘

아스플레니움 니두스 코브라

두툼하고 단단한 깊게 주름 잡힌 모양의 잎이 인상적인 관엽식물. 존재감이 강하니 현관이나 거실, 상점 등 사람들의 눈길이 모이는 장소에 두면 어떨까요? 사무실이나 공공시설 등의 실내 소경에서 크게 활약하는 파초일엽의 친척입니다. 내음성이 뛰어나 반그늘에 두어도 괜찮습니다.

포인트
- 어두운 장소에서도 잘 자라는 비교적 키우기 쉬운 품종입니다.
- 자외선이 강한 계절에는 직사광선에 잎이 탈 수도 있으니 주의하세요.

PLANT

열대에서 자라는 양치식물의 일종. 개성 있는 식물을 키우고 싶은 분에게 추천합니다.

Aloe suprafoliata
백합과 알로에속
별명 | 책 알로에, 콧수염 알로에

내한성	사이즈	물주기	일조량
🍃🍃🍃	Ⓢ	**A** 202쪽	☀️ 야외 🏠 햇빛 드는 실내

알로에 수프라폴리아타

부채형 알로에의 대표종. 햇빛이 한쪽에만 닿으면 잎이 똑바로 자라지 않고 사방으로 펼쳐지기 시작하니 골고루 해가 닿는 특등석에 놓아 주세요. 줄기가 나무처럼 단단하게 목질화되는 성질이 있습니다. 줄기가 서서히 위로 자라며 그 끝에서 부채처럼 잎이 펼쳐지는 신기한 모양이 매력적입니다. 남아프리카가 원산지입니다.

포인트

● 소형 알로에지만 크게 자라면 지름이 30cm 정도 됩니다.
● 햇빛을 좋아하고 추위에 강해 한랭지만 아니라면 베란다에서도 월동이 가능합니다.

FULL SUN

미지의 생명체 같은 신기한 형태가 강한 인상을 줍니다.

Aloe hybrid 'FLAMINGO'
백합과 알로에속

내한성

🍃🍃🍃🍃

사이즈

Ⓢ

물주기

A
202쪽

일조량

☀
야외

🏠
햇빛 드는 실내

알로에 플라밍고

이름 그대로 플라밍고처럼 선명한 핑크 오렌지 색을 띠는 알로에입니다. 평소에는 핑크빛이 도는 갈색 잎이지만, 날씨가 추워지면 단풍이 들어 포기 전체가 핑크 오렌지 색으로 물듭니다.

포인트

● 햇빛을 좋아하니 베란다 등 야외나 직사광선이 들어오는 창가에 두세요.
● 따뜻한 시기에는 초록색이 강하게 나타납니다.

OUTDOORS

붉게 물든 알로에 플라밍고. 한가운데 길게 뻗어 나온 것은 꽃대입니다. 귀여운 꽃이 피는 것을 볼 수 있습니다.

Aloe antandroi
백합과 알로에속

내한성

사이즈
S

물주기
A
202쪽

일조량
야외   햇빛 드는 실내

알로에 안탄드로이

막대기 모양으로 가느다란 잎이 특징인 소형 알로에. 섬세해 보이지만 의외로 튼튼합니다. 가지를 자르면 그 지점에서 새로운 가지가 갈라져 나오기 때문에 여러 번 가지치기를 해 주어야 모양이 밋진 개체로 지랍니다. 원산지는 마다가스카르입니다.

포인트

- 알로에도 다육식물입니다. 햇빛을 좋아해요.
- 추위에 강해서 한랭지가 아니라면 베란다에서 월동이 가능합니다.

PLANT

Anthurium radicans
천남성과 안스리움속

내한성 ◗◗◗

사이즈 (L)

물주기 **A**
202쪽

일조량
햇빛 드는 실내 반그늘

안스리움 라디칸스

보통 안스리움이라고 하면 붉은 광택이 도는 하트 모양 잎이 유명하지만, 라디칸스는 품종개량이 되지 않은 원종으로, 크고 축 늘어진 잎에 잎맥을 따라 깊은 주름이 잡혀 있습니다. 꽃은 안스리움 종에 공통되는 돌기 모양 불염포 형태의 꽃이 핍니다.

포인트

● 원산지는 아메리카 열대 지역과 서인도 제도. 추운 겨울에 특히 신경을 써야 해요.

● 잎이 타기 쉬우니 여름에는 직사광선에 주의하세요.

운남종려죽

종려죽 중에서도 잎이 가늘어 상쾌한 인상을 주는 품종입니다. 그 이름대로 중국 운남성 출신입니다. 고풍스러운 전통건물이나 공공시설 등에 한 세대 전부터 계속 놓여 있었을 것 같은 이미지이지만, 모던한 화분에 심으면 전혀 다른 신선한 느낌으로 다가옵니다. 무엇보다 그늘에서도 잘 견디기 때문에 햇빛이 부족한 공간에서 활약해줍니다.

포인트

● 추운 날씨에도 강해서, 0도에 가까운 기온에도 월동이 가능합니다.

● 햇빛은 적어도 괜찮지만 물은 부족하면 안 돼요. 흙이 마르면 충분히 물을 주세요.

쭉쭉 뻗은 가느다란 잎이 특징. 모던한 화분에 심으면 서구적인 느낌을 주기도 해요.

Licuala grandis
종려과 리쿠알라속
별명 | 부채야자

내한성

사이즈
M

물주기
A
202쪽

일조량
햇빛 드는 실내   반그늘

리쿠알라 그란디스

잎이 부채같이 커다란 야자. 아시아의 남국 리조트 같은 분위기를 풍깁니다. 햇살이 비치는 장소에 두면 잎맥을 따라 접힌 선이 두드러져 돋보입니다. 내음성이 뛰어나 반그늘에 두어도 괜찮습니다. 서양에서는 대중적인 관엽식물 중 하나입니다.

포인트

● 자생지에서는 다른 식물의 그늘에서 자라기 때문에 강한 직사광선은 피해 주세요.

● 추위에 약하기 때문에 겨울에 특히 주의해야 해요.

에스키난서스 마르모라터스

열대식물다운 이국적인 분위기를 뿜어내는 에스키난서스 중에서도 독특한 품종입니다. 잎에 새겨진 문양이 인상적이지요. 잎의 겉면은 초록색, 뒷면은 자주색으로 앞뒤 색깔이 다른 것도 특징입니다. 어디에 두느냐에 따라서 전혀 다른 모습을 보여, 다각도에서 즐길 수 있습니다. 튼튼하기 때문에 식물 초심자에게도 추천할 만합니다.

포인트

- 내음성이 있어 실내의 반그늘에서도 키울 수 있어요. 하지만 그늘에서는 잎의 무늬가 흐려지기 때문에 해가 잘 드는 장소를 권장합니다.
- 바람이 통하는 장소를 좋아하니까 매달아서 키워도 좋아요.

Hanging

Aulax cancellata 'Bronze Haze'
프로테아과 아울락스속

내한성
🌿🌿🌿

사이즈
Ⓜ

물주기
A
202쪽

일조량
☀
야외

아울락스 브론즈 헤이즈

남아프리카가 원산지인 상록관목. 가늘고 긴 개성적인 잎이 특징입니다. 봄에서 어름에 길쳐 하얀 깃털 모양의 꽃이 핍니다. 날씨가 추워지면 잎 끝이 구릿빛, 그야말로 브론즈 색으로 단풍이 드는 것을 즐길 수 있습니다. 가지치기로 잘라낸 가지는 꽃병에 꽂아도 오래 볼 수 있고, 그대로 드라이플라워로 만들 수도 있습니다. 한랭지만 아니라면 정원목으로 심어도 괜찮습니다.

포인트

- 0도를 기준으로 삼아 그보다 추울 때는 따뜻한 장소에 두세요.
- 정원이나 베란다에서 키울 식물로 추천해요.

OUTDOORS

오퍼큐리카야 데카리

CODEX

인기 있는 괴근식물 중 하나입니다. 줄기 표면은 회색을 띠고, 작은 잎이 무성하게 자랍니다. 땅속에서 굵게 요동치는 뿌리를 살려 뿌리솟음 형태(32쪽 참고)로 자란 것을 자주 볼 수 있습니다. 화분에 심어서는 줄기가 굵어지도록 관리하기가 제법 어렵지만, 원산지 마다가스카르에서는 굵은 줄기에 높이가 몇 미터나 되는 큰 나무로 자란다고 합니다. 국내에서는 아직 유통량이 적어서 희소성이 있는 식물 중 하나입니다.

포인트
- 성장기인 여름에는 물이 마르지 않게 주의하세요.
- 겨울에는 잎이 떨어지고 휴면기에 들어가므로 살짝 건조하게 두어도 괜찮아요.

Gasteraloe 'Green Ice'
크산트로이아과 아스포델루스아과
가스테랄로에속

내한성

사이즈

(M)

물주기

A
202쪽

일조량

야외   햇빛 드는 실내

가스테랄로에 그린아이스

블루그린 색 잎을 가진 알로에와 가스테리아(알로에와 닮은 다육식물)의 교배종. 끝이 뾰족한 두꺼운 잎이 사방으로 뻗어 겹겹이 자랍니다. 차가운 색 조합이 특징으로, 그린아이스라는 이름이 기막히게 어울립니다. 뿌리 쪽에서 새로운 개체가 자라는 자구 번식이 자주 일어나는 품종입니다.

포인트

● 매우 튼튼하고 키우기 쉬운 다육식물이에요.

● 과습으로 뿌리가 썩기 쉬우니 흙이 완전히 말랐을 때 물을 주세요.

삼각형의 통통한 잎이 귀여워요. 알로에와 가스테리아의 특징이 같이 있답니다.

Calathea orbifolia
마란타과 칼라데아속

내한성

사이즈
M

물주기
A
202쪽

일조량
햇빛 드는 실내   반그늘

칼라데아 오르비폴리아

커다랗게 펼쳐진 부드러운 잎이 매력 포인트입니다. 흰 빛이 도는 연초록색 바탕에 잎맥에 따라 진한 초록색 무늬가 나타납니다. 관엽식물이라는 이름에 어울리는 잎이 아름다운 식물입니다. 남미의 울창한 정글이 원산지이기 때문에 여름의 강한 직사광선에는 약합니다. 내음성이 있으니 창문에서 떨어진 밝은 그늘(신문을 읽을 수 있을 정도의 밝기)에 두어도 괜찮습니다.

포인트
- 다습한 환경을 좋아하니 잎에 물을 뿌려 주거나 가습기를 틀어 주세요.
- 반면 뿌리가 썩기 쉬우니 물빠짐이 좋은 흙에 심어 주세요.

열대우림이 떠오르는 큼직한 잎은 집안 인테리어용으로도 좋습니다. 소품과 함께 장식해 보세요.

대만고무나무

손바닥만 한 것부터 천장에 닿을 정도로 커다란 것까지, 가장 보편적인 뿌리솟음 형태부터 줄기를 구부린 수형, 늘어진 수형 등 다양한 모양을 보여 주는 식물입니다. 햇빛을 얼마나 받느냐에 따라 전혀 다른 분위기로 성장합니다. 햇빛이 드는 곳에서는 광택 있는 두툼한 잎이 무성하게 자라고, 그늘에서는 얇고 부드러운 잎이 조금 듬성하게 자랍니다.

포인트

- 비교적 키우기 쉬운 식물이에요.
- 겨울에는 창가와 같이 기온이 낮아지는 장소를 피해 주세요.

금호 몬스트루오사

선인장이라고 하면 위로 길게 자라는 기둥선인장을 먼저 떠올리기 쉽지만, 공 모양으로 자라는 구형선인장도 있습니다. 금호는 구형 선인장의 대표종으로 가시의 길이, 굵기, 색깔이 각기 다른 다양한 변종이 만들어지고 있는데, 금호 몬스트루오사도 그중 하나입니다. 모자를 쓴 듯한 가시자리(areole, 가시가 자라 나오는 생장점의 하얀 부분)가 귀엽습니다. 자구를 잘 생산하는 것도 특징입니다.

포인트

● 건조에 강합니다. 겨울 등에 물을 너무 많이 주면 뿌리가 썩으니 주의하세요.

FULL SUN

Crassula undulata
돌나물과 크라슐라속

내한성

사이즈
S

물주기
A
202쪽

일조량
야외　햇빛 드는 실내

크라슐라 운둘라타

예로부터 부와 행복을 가져다준다고 해서 친근하게 키워진 염좌(Crassula ovata, 돈나무)의 친척입니다. 이 품종은 프릴처럼 파도치는 잎 모양이 특징입니다. 성장하면 줄기가 나무처럼 단단해지며 가지가 갈라져 나옵니다. 분재 같은 풍취도 있어서 키울수록 점점 분위기를 더해갑니다. 날씨가 추워지면 단풍도 즐길 수 있는 다육식물입니다.

포인트

- 해가 잘 들고 통풍이 잘 되는 장소에 두세요. 실내라면 남향 창가를 추천해요.
- 튼튼해서 키우기 쉬우니 식물 초심자도 도전해 보세요.

Cordyline fruticosa 'New Guinea Fan'
용설란과 코르딜리네속

내한성

사이즈
L

물주기
A
202쪽

일조량
햇빛 드는 실내   반그늘

코르딜리네 뉴기니아 팬

유통량이 적어서 희소종에 속하는 식물입니다. 인테리어에 포인트가 될 개성 있는 식물을 찾는 분에게 추천합니다. 자주색을 띤 잎이 좌우 교대로 층층이 뻗어 나와 부채 모양이 만들어집니다. 오래된 잎이 떨어지면서 줄기가 점점 위로 뻗어나갑니다. 그 이름대로 뉴기니나 오스트레일리아 등 오세아니아 지역, 동남아시아에 분포합니다.

포인트

● 햇빛을 충분히 쬐지 못하면 잎의 색깔이 나빠지므로 밝은 실내에서 키워 주세요

● 잎응애 예방을 위해 잎에 물을 분무해 주세요.

Sansevieria kirkii 'Silver Blue'
용설란과 산세베리아속
별명 | 킬키 실버블루

내한성

사이즈
S

물주기
A
202쪽

일조량
햇빛 드는 실내   반그늘

산세베리아 키르키 실버블루

최근 생산체제가 갖추어지면서 자주 볼 수 있게 된 키르키 실버블루. 가장자리에 물결
치듯 웨이브가 들어간 단단한 잎이 특징입니다. 다른 산세베리아와 마찬가지로 건조한
환경에 강하고 내음성이 있어 해가 많이 들지 않는 곳에도 둘 수 있습니다.

포인트

● 겨울 등에 물을 너무 많이 주면 뿌리가 썩으니 주의하세요. 11월에서 3월까지는 물
  을 주지 않아도 되어요.

● 내음성이 있어 해가 잘 닿지 않는 곳에 두어도 괜찮아요.

Sansevieria hyb.(gracilis×parva)
'kib wedge'
용설란과 산세베리아속

내한성	사이즈	물주기	일조량
	S	A 202쪽	햇빛 드는 실내　반그늘

산세베리아 킵웨지

건조한 환경에 강하고 튼튼해서 초심자에게 가장 먼저 권하는 식물인 산세베리아. 킵웨지는 기둥 모양의 가는 잎이 특징입니다. 땅 위로 줄기를 뻗으면서 그 끝에 자구를 많이 맺기 때문에 화분 밖에까지 튀어나와 자라는 모습도 감상할 수 있습니다.

포인트

● 겨울 등에 물을 너무 많이 주면 뿌리가 썩으니 주의하세요. 11월에서 3월까지는 물을 주지 않아도 되어요.

● 내음성이 있어 해가 잘 닿지 않는 곳에 두어도 괜찮아요.

산세베리아 바나나

작고 두툼한 잎이 마치 바나나처럼 구부러져 있습니다. 성장이 무척 느려 새 잎이 한 장 올라오는 데 1년이 넘게 걸려요. 내음성은 있지만 골고루 햇빛을 충분히 쬐어 주는 깃이 키울 때의 포인트. 부분적으로만 해가 닿으면 잎이 한쪽으로 쏠리거나 웃자랍니다.

포인트

- 겨울 등에 물을 너무 많이 주면 뿌리가 썩으니 주의하세요. 11월에서 3월까지는 물을 주지 않아도 되어요.
- 내음성이 있어 해가 잘 닿지 않는 곳에 두어도 괜찮아요.

Scindapsus pictus CV. Argyraeus
천남성과 스킨답서스속
별명 | 스킨답서스 아지레우스,
스킨답서스 아르지리우스

내한성	사이즈	물주기	일조량
🍃🍃🍃	Ⓢ	**A** 202쪽	☀️ 햇빛 드는 실내 반그늘

스킨답서스 아르기레우스

벨벳 같이 매끄럽고 부드러운 광택이 있는 하트형 잎에 은빛 반점이 흩어져 있습니다. 그늘에서도 키울 수 있어 일조량을 확보하기 어려운 방이나 현관 등에 두고 싶을 때 추천합니다. 작은 포기도 성장이 왕성해 화분이 넘치도록 잘 자랍니다.

포인트

- 여름의 강한 햇빛을 쬐면 잎이 타 버릴 수도 있으니 주의하세요.
- 행잉으로 매달아 키워도 좋아요.
- 추위에 약하기 때문에 겨울에는 두는 장소에 주의하세요.

Schefflera elliptica
두릅나무과 쉐플레라속

내한성

사이즈
L

물주기
A
202쪽

일조량
햇빛 드는 실내   반그늘

쉐플레라 엘립티카

튼튼해서 쉽게 키울 수 있는 쉐플레라. 따뜻한 지역에서는 성원수로도 활약합니다. 보급종인 홍콩야자는 공공시설, 사무실, 매장, 가정 등 어느 장소에든 없는 곳이 없을 정도입니다. 광택이 있는 타원형 잎이 쉐플레라의 특징인데, 쉐플레라 엘립티카는 잎이 더욱 둥글어서 귀여운 느낌입니다. 잎이 넓어진 만큼 더 많은 햇빛을 반사해서 집안을 환한 분위기로 만들어 줍니다.

포인트

- 홍콩야자와 마찬가지로 더위와 추위에 강해 굉장히 키우기 쉬워요.
- 잎에 먼지가 쌓이기 쉬우니 가끔 닦아 주거나 물을 분무해 주세요.

PARTIAL SHADE

140

Syngonium podophyllum 'Neon'
천남성과 싱고니움속

내한성

사이즈

(M)

물주기

A

202쪽

일조량

햇빛 드는 실내   반그늘

싱고니움 네온 핑크

멕시코와 코스타리카 등 중앙·남아메리카에 서식하는 싱고니움. 빨강이나 자주, 은색
등 원예용 계량품종도 많습니다. 여기에서 소개하는 싱고니움 네온 핑크는 연한 핑크
색 잎이 인상적입니다. 꽃과는 다른 신비롭고 차분한 색조가 매력적입니다.

포인트

- 덩굴성의 식물이라서 길게 늘어지도록 매달아 키워도 좋아요.
- 햇빛이 강하면 잎이 타기 쉬우니 여름에는 두는 장소에 주의하세요.

세이덴파데니아 미트라타

자생지에서는 나무에 붙어서 자라는 난의 일종. 기다란 나무젓가락 같은 잎과 함께 흰색의 굵은 뿌리를 아래로 늘어뜨리며 자라는 모습은 꽃이 없어도 충분히 눈길을 끕니다. 벽에 걸거나 천장에 매달면 인테리어에 포인트로 활약할 것입니다. 하얀 바탕에 자주색이 번지는 귀여운 꽃이 핍니다.

포인트
- 물주기는 3~4일에 한 번. 물뿌리개로 부드럽게 줄기 전체에 충분히 뿌려 줍니다.
- 겨울에는 창가와 같이 기온이 낮아지는 장소를 피해 주세요.

GREEN LIFE

뿌리만이 아니라 잎도 아래를 향해 자라는 것이 특징이에요. 자생지에서는 굵은 뿌리로 나무나 돌에 착생해서 자란답니다.

sophora microphylla
콩과 소포라속

내한성	사이즈	물주기	일조량
🌿🌿🍃	**M**	**A** 202쪽	☀️ 야외

소포라 미크로필라

지그재그 모양의 가지에 아주 작은 잎이 달리는 콩과 식물입니다. 땅에 심어서 키우면 가지가 굵어지며 높이 2미터까지도 자랍니다. 섬세한 것 같으면서 강인한 식물입니다. 가지를 자르면 거기에서 새 가지가 갈라져 나와 더 복잡하고 재미있는 수형이 됩니다.

포인트
- 직사광선을 쬘 수 있도록 야외에 두세요.
- 여름의 더위와 겨울의 추위에 잘 견디지만 서리와 한파는 주의하세요.

Chamaedorea metallica
종려과 차메도레아속
별명 | 금속야자

내한성

🌿🌿🌿

사이즈

M

물주기

A
202쪽

일조량

햇빛 드는 실내   반그늘

차메도레아 메탈리카

멕시코가 원산지인 소형 야자. 길게 뻗은 줄기 끝에 커다란 잎을 펼칩니다. 잎은 화살 깃 모양으로 금속 느낌이 나는 독특한 광택이 있습니다. 잎의 모양과 색상에 모두 독특한 매력이 있어서, 잘 어울리는 화분을 고르면 인테리어에 좋은 포인트가 되어줄 것입니다. 성장이 느리고 다 자라도 높이가 50~70cm 정도로 아담합니다. 어디에 두어도 무난히 잘 어울립니다.

포인트

- 내음성이 있어서 밝은 그늘에 두어도 괜찮아요.
- 추위에도 강해서 비교적 키우기 쉬운 품종이에요.

내한성

사이즈
M

물주기
A
202쪽

일조량
햇빛 드는 실내   반그늘

키보티움 바로메츠

뿌리줄기가 동물처럼 복슬복슬한 갈색 털로 뒤덮여 있는 개성 있는 양치식물. 고사리다운 돌돌 말린 줄기가 자라서 잎을 펼칩니다. 중국에서는 행운을 불러오는 식물로도 알려져 있습니다. 양치식물이라고 하면 그늘에서 자란다는 이미지가 있지만, 햇빛도 필요합니다. 햇빛이 충분하지 못하면 해를 찾아 잎이 사방팔방으로 어지럽게 자랍니다.

포인트

● 오전 중에만 햇빛이 닿는, 그 정도의 밝기에서 잘 자랍니다.

● 양치식물이므로 흙이 완전히 마르기 전에 물을 주세요.

BOTANICAL

복슬복슬한 뿌리줄기에서 양치식물다운 초록색 잎이 무성하게 자랍니다.

내한성	사이즈	물주기	일조량
🌿🌿🌿	Ⓜ	**A** 202쪽	🏠 햇빛 드는 실내

Dischidia nummularia variegata
협죽도과 디스키디아속
별명 | 디스키디아 버튼 화이트

디스키디아 버튼 바리에가타

바둑알 같은 동그란 잎이 화분 가득히 자라는 생명력 넘치는 디스키디아의 일종. 원산지인 동남아시아의 열대지역에서는 나무 같은 곳에 착생해서 자라는 착생식물입니다. 이 성질을 이용해 유목 등에 착생시킬 수도 있습니다. 다른 디스키디아와 마찬가지로 밝고 통풍이 잘되는 장소에서 키워 주세요.

포인트

- 실내에서 키울 때는 통풍이 잘 안 되면 무르고 싱하기 쉬우니 주의하세요.
- 여름에는 직사광선을 피해서 밝고 서늘한 장소에 두세요.
- 디스키디아의 뿌리는 주로 나무에 착생하는 역할을 합니다. 뿌리에 물을 주기보다는 잎에 물을 뿌려서 수분을 보충해 주세요.

Hanging

Dischidia ruscifolia
협죽도과 디스키디아속

내한성	사이즈	물주기	일조량
🌱🌿🌳	Ⓢ	**A** 202쪽	햇빛 드는 실내

디스키디아 밀리언하트

그 이름대로 하트형의 도톰한 잎이 빽빽하게 돋은 디스키디아입니다. 물러지기 쉬우니 통풍이 잘 되는 장소에서 키워 주세요. 디스키디아 종류는 강한 직사광선에는 약하지만, 중간 정도의 햇빛은 좋아하기 때문에 동향의 창문 부근에 두면 쑥쑥 자랍니다.

포인트

● 실내에서 키울 때는 통풍이 잘 안 되면 무르고 상하기 쉬우니 주의하세요.

● 여름에는 직사광선을 피해서 밝고 서늘한 장소에 두세요.

● 뿌리에 물을 주기보다는 잎에 물을 뿌려서 수분을 보충해 주세요.

Dischidia formosana
협죽도과 디스키디아속

내한성

사이즈

M

물주기

A

202쪽

일조량

햇빛 드는 실내

디스키디아 포르모사나

디스키디아 중에서도 비교적 키우기 쉬운 품종입니다. 포르모사나는 통풍만 잘 된다면
양달과 응달 어느 쪽도 상관없어요. 둥근 잎의 일부가 오목하게 들어가 하트 모양처럼
보입니다. 봄이 되면 은방울꽃과 비슷한 하얗고 청초한 꽃이 핍니다. 다른 디스키디아
와 마찬가지로 밝고 통풍이 잘 되는 장소를 좋아합니다.

포인트

● 실내에서 키울 때 통풍이 잘 안 되면 무르고 상하기 쉬우니 주의하세요.

● 여름에는 직사광선을 피해서 밝고 서늘한 장소에 두세요.

GREEN LIFE

상큼하고 귀여운 포르모사나. 행잉으로 키우기에도 잘 어울립니다.

Tillandsia capitata 'Mauve'
파인애플과 틸란드시아속

내한성

사이즈
S

물주기
C
204쪽

일조량
햇빛 드는 실내

틸란드시아 카피타타 모브

붉은 빛이 도는 연한 회색의 틸란드시아(에어플랜트)의 일종. 사진은 미니 사이즈지만, 자구를 만들어 내면서 '클럼프'를 이루어 점점 크게 자랍니다. 틸란드시아는 많은 종류가 유통되고 있으니 몇 가지를 모아서 함께 장식해도 멋집니다. 화분(흙)이 필요 없기 때문에 다양한 방식으로 장식해 인테리어에 활용할 수 있습니다(62쪽 참고).

포인트

● 물을 줄 때는 분무기 등으로 흠뻑 젖도록 뿌려 주고, 그 후에 물러지지 않도록 바람을 쐬어 주세요.

Tillandsia tectorum
파인애플과 틸란드시아속

내한성 🍃🍃🍃

사이즈 Ⓢ

물주기 **C**
204쪽

일조량
햇빛 드는 실내

틸란드시아 텍토룸

틸란드시아의 표면은 '트리콤'이라는 솜털로 뒤덮여 있습니다. 틸란드시아는 크게 트리콤이 풍부한 '은엽종'과 트리콤이 적은 '녹엽종'(매끈한 촉감. 불보사, 붇지 등)으로 나눌 수 있습니다. 트리콤은 강한 햇빛을 확산시키거나 공중의 수분을 흡수하는 역할을 합니다. 텍토룸처럼 트리콤이 발달한 은엽종은 비교적 건조에 강해 더 키우기 쉬운 편입니다.

포인트

● 물을 줄 때는 물뿌리개로 부드럽게 충분히 주고, 그 후에 물러지지 않도록 바람을 쐬어 주세요.

Dracaena sp.
용설란과 드라세나속

내한성

사이즈
L

물주기
A
202쪽

일조량
햇빛 드는 실내   반그늘

드라세나 나비

드라세나 종류 중에서는 '행운목'이라 불리는 드라세나 맛상게아나가 유명합니다. 모르겠다는 사람도 곧게 쭉 뻗은 줄기에서 대나무 잎 같은 잎을 피운 모습은 한번쯤 본 적이 있을 거예요. 여기에서 소개하는 드라세나 나비는 드라세나 중에서도 잘 유통되지 않는 희소종입니다. 같은 드라세나속의 콘신나와 생김새가 비슷한 스타일리시한 드라세나입니다.

포인트
- 드라세나는 오래전부터 대중적으로 질 일러진 식물이에요. 키우기 쉬워 식물 초심자에게 추천해요.
- 직사광선에 약하니 두는 장소를 정할 때 주의하세요.

Dracaena burley
용설란과 드라세나속

내한성

사이즈
L

물주기
A
202쪽

일조량
햇빛 드는 실내   반그늘

드라세나 벌리

고풍스러운 찻집 한쪽에 놓여 있을 것만 같은 분위기지만, 화분이나 화분커버를 조합하기에 따라 최신 인테리어에도 손색없이 어울립니다. 한눈에 눈길을 사로잡는 아름다운 무늬가 있는 크고 기다란 잎이 인상적입니다. 거실이나 현관, 매장 같은 곳에 두면 첫인상을 좌우하는 식물이 될 거예요. 내음성도 강해 장소를 가리지 않고 활약해 줄 겁니다.

포인트

● 드라세나는 오래전부터 대중적으로 잘 알려진 식물이에요. 키우기 쉬워 식물 초심자에게 추천해요.

PARTIAL
SHADE

Dracaena hookeriana cv. 'Rothiana'
용설란과 드라세나속

내한성 ◗◗◗

사이즈 Ⓜ

물주기 **A**
202쪽

일조량

햇빛 드는 실내   반그늘

드라세나 로디아나

드라세나 종류 중에서도 전국 곳곳 어디에서나 볼 수 있는 맛상게아나(행운목)에 가까운 품종입니다. 맛상게아나보다 약간 잎이 단단하고 두꺼운 것이 특징으로, 황록색 잎이 자랍니다. 차분한 분위기를 만들어 주기 때문에 인테리어에 활용하기 편한 식물입니다. 내음성이 있어 일조량 확보가 어려운 장소에 두려 할 때 추천합니다.

포인트

● 드라세나는 오래전부터 대중적으로 잘 알려진 식물이에요. 키우기 쉬워 식물 초심자에게 추천해요.

쭉 뻗은 줄기 위로 두툼한 잎이 사방으로 뻗어 나옵니다.

내한성	사이즈	물주기	일조량
🌿🍃🍃	M	B 203쪽	햇빛 드는 실내

네오레겔리아 릴라

중심에서 사방으로 펼쳐진 잎이 마치 꽃처럼 보이는 네오레겔리아는 오래전부터 사랑받아온 관엽식물입니다. 색과 모양, 크기에 따라 품종이 다양하고 그중에는 값비싼 희귀종도 있습니다. 사방으로 겹겹이 펼쳐진 잎의 중심부에 물을 저장해 두었다가 잎에서 수분을 흡수하는 '탱크 브로멜리아(Tank Bromelia)'라는 유형의 식물입니다.

포인트

● 잎의 중심부에 물이 고이도록 물을 주세요.
● 틸란드시아(에어플랜트)와 같은 파인애플과에 속해요.

선명한 핑크색이 강한 인상을 주어 포기가 작아도 존재감이 대단합니다.

내한성 | 사이즈 | 물주기 | 일조량

🍃🍃🍃 | (S) | A
202쪽

야외 | 햇빛 드는 실내

파키포디움 그락실리스

둥글게 부풀어 오른 괴근부에서 가느다란 가지를 뻗는 모습이 귀여운 괴근식물(코덱스)의 인기종입니다. 가시로 뒤덮인 표면만 봐서는 상상하기 어려운 사랑스러운 노란 꽃이 핍니다. 아프리카 마다가스카르가 원산지로, 가혹하리만치 건조한 환경에 적응해 이런 모습이 되었습니다. 겨울에는 잎을 떨구고 휴면기에 들어갑니다.

포인트

- 뿌리가 썩기 쉬우니 흙이 바짝 마른 뒤에 물을 주세요. 휴면기에는 물을 주지 않아도 괜찮아요.
- 수입해 온 개체는 아직 뿌리가 내리지 않은 상태로 유통되기도 하기 때문에 구입할 때 매장에 꼭 확인해 보세요.

CODEX

한 번 보면 잊을 수 없는 개성파 식물. 괴근식물이라고 하면 가장 먼저 떠오르는 모습입니다.

Pachypodium brevicaule
협죽도과 파키포디움속
별명 | 파키포디움 브레비카울

내한성 🌿🌿🌿

사이즈 Ⓢ

물주기 **A** 202쪽

일조량 ☀️ 야외 🏠 햇빛 드는 실내

파키포디움 브레비카울레

일본에서는 '에비스의 웃음'이라는 별명으로 알려진 괴근식물. 슬라임이 흐물거리며 퍼져나가듯이 서서히 옆으로 번지며 성장하는 파키포디움의 일종입니다. 부풀어 오른 줄기에서 점점이 잎이 돋아나고, 노란색의 귀여운 꽃이 핍니다. 마다가스카르에서도 표고가 높은 장소에서 자라기 때문에 다른 파키포디움에 비해 여름의 더위에 조금 약합니다. 겨울에는 잎을 떨구고 휴면기에 들어갑니다.

포인트
- 뿌리가 썩기 쉬우니 흙이 바짝 마른 뒤에 물을 주세요. 휴면기에는 물을 주지 않아도 괜찮아요.
- 성장이 매우 느리답니다.

이 사진의 식물은 한 손에 쏙 들어오는 크기이지만, 자생지에서는 1미터 가까이 자라는 개체도 있다고 해요.

platycerium alcicorne var. Madagascar
고란초과 박쥐란속
별명 | 알시콘 박쥐란

내한성

사이즈
M

물주기
D
205쪽

일조량
햇빛 드는 실내

플라티케리움 알시코르네 마다가스카르

깊게 칼집을 넣은 듯한 생식엽(위로 뻗은 잎)이 힘차게 위를 향해 뻗은 박쥐란의 일종. 둥그런 영양엽(뿌리 쪽을 감싼 잎)은 잎맥이 선명하게 두드러져 눈길을 끕니다. 생식엽과 영양엽이 모두 개성이 있어서 마치 각기 다른 식물을 합쳐 놓은 듯 신비롭게 느껴집니다. 나무판에 착생시킨 목부작 상품도 유통됩니다(58쪽, 84쪽 참고).

포인트

● 햇빛과 통풍을 좋아해 행잉으로 키우기에도 좋아요.
● 박쥐란에 물주는 방법은 205쪽을 참고하세요.

Platycerium

넓게 자란 영양엽이 테라코타 화분을 집어삼키기라도 할 듯합니다.

Platycerium willinckii
고란초과 박쥐란속
별명 | 윌링키 박쥐란

내한성	사이즈	물주기	일조량
🌿🌿🌿	Ⓜ	**D** 205쪽	🏠 햇빛 드는 실내

플라티케리움 윌링키

힘차게 위로 솟은 영양엽과 아래로 축 늘어진 기다란 생식엽의 대비가 독특한 품종. 인테리어에 활용한다면 길게 늘어진 생식엽이 돋보이도록 벽에 걸거나 천장에 매달아 보세요. 하나만 있어도 눈길을 끄는 인테리어 요소가 됩니다. 처음에 모종이 작아도 나중에는 상당히 크게 자랍니다. 적도 바로 아래의 자바섬 주변이 원산지입니다.

포인트

● 박쥐란에 물주는 방법은 205쪽을 참고하세요.

with Board

어딘지 모르게 새를 연상시키는 생김새가 박쥐란이라 불리는 이유를 알려 주는 듯합니다.

플라티케리움 베이치

가루처럼 섬세한 별 모양 털이 빽빽하게 나 있어 전체적으로 흰 빛을 띠는 박쥐란입니다. 해가 잘 드는 장소에 두면 햇빛을 반사해 정말 새하얗게 보입니다. 시원스럽게 뻗은 잎이 야생미를 풍기는 박쥐란 중에서 가장 어성스럽고 기품 있는 분위기를 자아냅니다. 콘크리트 벽 같은 남성적인 인테리어만이 아니라 하얀 벽지를 바른 일반적인 집에도 잘 어울리는 박쥐란입니다.

포인트
- 박쥐란에 물주는 방법은 205쪽을 참고하세요.

Hanging

부드러운 흰 빛을 띠는 베이치. 영양잎도 은은한 색깔이에요.

	내한성	사이즈	물주기	일조량

Platycerium ridleyi
고란초과 박쥐란속
별명 | 리들리 박쥐란

내한성 ❀❀❀
사이즈 (M)
물주기 **D** 205쪽
일조량 햇빛 드는 실내

플라티케리움 리들리

잎맥을 따라 주름이 잡힌 영양엽이 특징인 박쥐란입니다. 자생지에서는 영양엽을 둥그런 공 모양으로 형성해 큰 나무의 가지에 착생합니다. 생식엽은 여러 갈래로 갈라지면서 뻗어나갑니다. 리들리의 기다란 생식엽은 사슴뿔을 쏙 빼닮아 헌팅트로피처럼 벽에 걸기에도 잘 어울립니다. 잘 자라면 숟가락 모양의 포자낭을 볼 수 있습니다. 나우시카 세계에서 튀어나온 듯한 모습을 즐겨 보세요.

포인트

● 박쥐란에 물주는 방법은 205쪽을 참고하세요.

Platycerium

위풍당당한 생식엽은 사슴뿔처럼 박력이 있습니다.

내한성	사이즈	물주기	일조량
🍃🍃	S	A 202쪽	햇빛 드는 실내

히드노피툼 파푸아눔

열대지대의 수목에 착생하는 개미식물 중 하나입니다. 둥글게 부푼 괴근부에 개미를 살게 해서 양분을 흡수하며 공생합니다. 개미가 둥지를 틀지는 않으니 안심하세요. 화분에 심어 유통되고 있지만 본래는 나무에 착생하는 식물이기 때문에 헤고판이나 이끼 볼에 착생시켜서 벽에 걸어 키울 수도 있습니다.

포인트

● 겨울에는 휴면기에 들어가므로 물을 주는 빈도를 줄이고 따뜻한 장소에 두세요.

CODEX

동글동글한 괴근부에 주목! 원산지에서는 이 부분에 개미가 살면서 공생한답니다.

Ficus elastica cv. 'Apollo'
뽕나무과 무화과나무속
별명 | 아폴로 고무나무

내한성

사이즈

M

물주기

A
202쪽

일조량

햇빛 드는 실내　반그늘

피쿠스 엘라스티카 아폴로

고무나무의 일종. 아폴로 고무나무는 파도치듯 조글조글 주름 잡힌 잎이 특성입니다. 해가 잘 들고 통풍이 잘 되는 장소를 좋아합니다. 하지만 햇빛이 너무 강하면 말린 잎이 잘 펼쳐지지 않으니 밝은 그늘에 놓는 것이 좋습니다. 햇빛이 살짝 부족한 듯하면 햇빛을 찾아 잎을 펼칩니다. 동향의 창가 또는 남향과 서향이라면 창문에서 약간 떨어진 장소에 두기를 권장합니다.

포인트

● 고무나무는 대체로 키우기 쉬운 식물이에요.

● 날씨가 춥거나 햇빛이 부족하면 잎을 떨구기도 해요.

● 창가는 겨울에 생각보다 더 온도가 떨어지기도 하니 주의하세요.

내한성	사이즈	물주기	일조량
🌿🌿🌿	Ⓜ	A 202쪽	 햇빛 드는 실내

Ficus elastica Gin
뽕나무과 무화과나무속

피쿠스 엘라스티카 진

고운 반점 무늬가 있는 고무나무. 새로 나는 잎은 색깔이 밝고 시간이 지나면 점점 진해집니다. 비교적 성장이 빨라서, 수형이 풍성해지면 잎의 색깔과 반점이 서로 상승효과를 일으켜 존재감이 있는 심볼트리가 됩니다. 쉽게 만나기 힘든 나무이니 우연히 발견한다면 한번 키워 보세요.

포인트

● 고무나무는 대체로 키우기 쉬운 식물이에요.

● 날씨가 춥거나 햇빛이 부족하면 잎을 떨구기도 해요.

● 창가는 겨울에 생각보다 더 온도가 떨어지기도 하니 주의하세요.

Ficus triangularis
뽕나무과 무화과나무속
별명 | 스윗하트 고무나무

내한성	사이즈	물주기	일조량
	S	A	햇빛 드는 실내
		202쪽	

피쿠스 트리안굴라리스

무화과나무속에는 800종 이상의 식물이 속해 있지만, 그중에서도 희귀한 역삼각형 모양 잎이 달리는 고무나무입니다. 남향의 창가 등 해가 잘 드는 장소에 두세요.

　참고로 아주 대중적인 관엽식물인 대만고무나와 벤자민, 게다가 맛있는 열매가 달리는 무화과나무까지 모두 무화과나무속에 속한 친구들입니다.

포인트

- 날씨가 춥거나 햇빛이 부족하면 잎을 떨구기도 해요.
- 창가는 겨울에 생각보다 더 온도가 떨어지기도 하니 주의하세요.

피쿠스 페티올라리스

하트 모양의 잎에 붉은 잎맥이 두드러지는 고무나무. 붉은 움벨라타라고 불리기도 합니다. 유통량이 적기 때문에 조금 독특한 고무나무를 찾는 분께 추천합니다. 씨를 파종해 키운 것은 땅 쪽 줄기가 둥글게 공 모양으로 부풀어 오르기 때문에 괴근식물로 분류됩니다. 하지만 삽목해서 번식시킨 것은 줄기가 부풀지 않습니다.

포인트

- 날씨가 춥거나 햇빛이 부족하면 잎을 떨구기도 해요.
- 창가는 겨울에 생각보다 더 온도가 떨어지기도 하니 주의하세요.

피쿠스 벵갈렌시스

유명한 관엽식물 중 하나. 타원형의 커다란 잎이 특징인 고무나무입니다. 선명한 초록색에 하얀 잎맥이 두드러집니다. 성장이 왕성해 내버려 두면 끝없이 쑥쑥 자랍니다. 정기적으로 가지치기(218쪽 참고)를 해주어야 원줄기로 영양이 전달되어 줄기가 굵어집니다. 가지를 잘라 내면 그 지점에서 새 가지가 갈라져 나와 수형이 풍성해집니다.

포인트

● 고무나무는 대체로 키우기 쉬운 식물이에요.

● 날씨가 춥거나 햇빛이 부족하면 잎을 떨구기도 해요.

● 창가는 겨울에 생각보다 더 온도가 떨어지기도 하니 주의하세요.

인기 있는 고무나무. 다양한 수형이 유통되고 있으니 마음에 쏙 드는 것으로 골라 보세요.

philodendron andreanum
천남성과 필로덴드론속

내한성

사이즈 M

물주기 A
202쪽

일조량
햇빛 드는 실내 반그늘

필로덴드론 안드레아눔

필로덴드론은 종류가 많고 품종마다 생김새가 크게 다른 식물입니다. 안드레아눔은 벨벳같이 매끄럽고 부드러우면서 차분한 느낌의 잎이 특징입니다. 내음성은 있지만 해가 드는 장소에 두면 잘 자라는 것은 물론, 잎의 질감까지 선명하게 감상할 수 있습니다.

포인트

● 물을 좋아해요. 여름에는 특히 물이 부족하지 않게 신경 써 주세요. 잎에 물을 뿌려 주는 것도 효과적이에요.

● 여름의 강한 직사광선에는 약해요. 두는 장소에 주의하세요.

내한성	사이즈	물주기	일조량
	S	**A** 202쪽	햇빛 드는 실내　반그늘

필로덴드론 그라지엘라

밝은 초록색 잎 가장자리가 살짝 말려 있어서 입체감이 느껴집니다. 봄여름의 성장기에 접어들면 하루가 다르게 쑥쑥 자라면서 밝고 활기찬 분위기를 만들어 줍니다. 비교적 내음성도 강해서 신문을 읽을 수 있을 정도의 밝은 그늘이라면 문제없이 자랍니다.

포인트

- 물을 좋아해요. 여름에는 특히 물이 부족하지 않게 신경 써 주세요. 잎에 물을 뿌려 주는 것도 효과적이에요.
- 강한 직사광선은 잎이 타는 원인이 되니 주의하세요.

Philodendron Tango
천남성과 필로덴드론속

내한성

사이즈
M

물주기
A
202쪽

일조량
햇빛 드는 실내   반그늘

필로덴드론 탱고

대중적인 관엽식물 필로덴드론 쿠커버러와 잎이 닮은 품종으로 덩굴식물입니다. 생명력이 강하고 덩굴과 잎이 사방으로 자라는데, 지주를 세워 타고 올라가게 하면 깔끔합니다. 아니면 행잉으로 마음껏 덩굴을 뻗게 두어도 멋진 인테리어가 될 거예요.

포인트

- 물을 좋아해요. 여름에는 특히 물이 부족하지 않게 신경 써 주세요. 잎에 물을 뿌려 주는 것도 효과적이에요.
- 강한 직사광선은 잎이 타는 원인이 되니 주의하세요.

내한성	사이즈	물주기	일조량
	M	A 202쪽	햇빛 드는 실내　반그늘

후페르지아 스쿠아로사

삼나무 잎같이 가늘고 뾰족한 잎을 우아하게 늘어뜨리는 착생 양치식물. 가지가 갈라져 나오면서 점점 풍성해집니다. 생김새가 낯설지만 같은 양치식물인 박쥐란의 뒤를 이어 인기를 모으고 있는 유망주로, 유행을 앞서가는 식물을 찾는 분에게 추천합니다. 양치식물이라서 건조에 약합니다. 매달아 키우려면 물주기와 잎 분무를 하기 편한 장소를 고르는 것이 좋겠지요.

포인트

- 양치식물에게 물을 주는 방법은 202쪽을 참고하세요.
- 하루에 몇 시간만 해가 드는 반그늘에 두면 키우기 쉬워요.

내한성	사이즈	물주기	일조량
♠♠♠	Ⓜ	**A** 202쪽	햇빛 드는 실내 · 반그늘

필로덴드론 빌리에티에

화살촉 모양의 크고 긴 잎에 주황색 잎자루라는 개성 있는 생김새. 한 포기만으로도 넘치는 존재감을 자랑하기 때문에 거실에 심플하게 화분 하나만 두고 싶은 분에게도 추천할 만한 식물입니다. 다른 천남성과의 식물과 마찬가지로 내음성이 있어 키우기 쉬운 품종입니다. 추위에는 약하니 겨울에는 따뜻한 곳에 두세요.

포인트

- 물을 좋아해요. 여름에는 특히 물이 부족하지 않게 신경 써 주세요. 잎에 물을 뿌려 주는 것도 효과적이에요.
- 강한 직사광선은 잎이 타는 원인이 되니 주의하세요.

초록과 주황의 대비가 아름다운 빌리에티에. 모양이 단순한 화분이 잘 어울립니다.

Vriesea fosteriana 'Red Chestnut'
파인애플과 브리에세아속
별명 | 브로멜리아 레드체스트넛

내한성	사이즈	물주기	일조량
	M	B	
		203쪽	햇빛 드는 실내

브리에세아 레드체스트넛

붉은 빛이 노는 아름다운 잎을 사방으로 펼치는 관엽식물. 바로 위에서 들여다보는 모습이 가장 아름다워서, 낮은 가구 위에 올려두면 좋습니다(55쪽 참고). 158쪽에서 소개한 네오레겔리아와 마찬가지로 탱크 브로멜리아 계열에 속하는 식물로, 잎의 중심부에 물을 저장합니다.

포인트

- 잎의 중심부에 물이 고이도록 물을 주세요.
- 틸란드시아(에어플랜트)와 같은 파인애플과에 속해요.

프로테아 줄리엣

오스트레일리아와 남아프리카가 원산지인 상록관목. 가지치기한 가지는 꽃병에 꽂아 두어도 오래가고, 드라이플라워로 만들 수도 있습니다. 한랭지만 아니라면 정원수로도 괜찮습니다. 내한온도는 영하 5도까지, 겨울 날씨가 그보다 따뜻하다면 문제없습니다. 올리브나 유칼립투스, 은엽아카시아 등과 상성이 좋아 함께 심으면 좋습니다.

포인트
- 추위에 잘 견디므로 베란다나 정원에 심을 수 있어요.
- 아주 작은 꽃이 많이 모여 있는 두상꽃차례 형태의 꽃을 볼 수 있어요.

OUTDOORS

Heteropanax fragrans
두릅나무과 헤테로파낙스속
별명 | 해피트리

내한성 ◗◗◗

사이즈 Ⓜ

물주기 **A**
202쪽

일조량
햇빛 드는 실내　반그늘

헤테로파낙스 프라그란스

익숙하지 않은 이름이지만, 여러 가지 품종이 잘 알려진 쉐플레라(140쪽 참고)의 가까운 친척입니다. 대만고무나무처럼 뿌리솟음 형태(32쪽 참고)로 키운 것을 쉽게 볼 수 있습니다. 박력 있는 뿌리에 주목해 주세요. 키우기 어려울 것처럼 보이시만, 관리하기는 무난한 편입니다.

포인트

● 성장 속도가 제법 빨라 키우는 보람이 느껴지는 품종이에요. 가지치기와 분갈이도 즐겨 보세요(213쪽 참고).

PLANT

박력 있는 뿌리에 눈길이 먼저 가지만, 반짝반짝 윤기 나는 잎도 매력적이에요.

봄박스 엘립티쿰

긴조한 기후에서 살아남기 위해 줄기에 수분을 저장하는 습성이 있는 괴근식물입니다. 위로 자란 가지와 줄기를 잘라 주면 줄기 밑동에 영양과 수분이 진달되어 통통하게 부풀어 오릅니다. 오랫동안 이 과정을 반복하면 둥근 밑동을 만들 수 있습니다. 겨울에는 잎을 떨구고 휴면에 들어갑니다. 벌거숭이가 되어도 오히려 통통하게 부푼 밑동의 모양이 강조되어 조각품 같은 신비로운 분위기를 자아냅니다.

포인트
- 분재처럼 직접 형태를 만들어 가는 즐거움이 있는 품종이에요.
- 잎이 떨어지면 물주는 빈도를 줄여 건조한 듯 관리해 주세요.

밑동이 부풀어 오른 모양이 다부집니다. 금이 간 듯한 줄기 표면의 질감도 세월이 느껴져 운치가 있습니다.

미메테스 쿠쿨라투스 크래커잭 레드

오스트레일리아와 남아프리카가 원산지인 상록관목. 레우카덴드론과 비슷한 식물이
지만, 더 잎이 짧고 탄탄한 느낌입니다. 한랭지만 아니라면 정원수로 바로 땅에 심어도
괜찮습니다. 내한온도는 0도까지, 겨울 날씨가 그보다 따뜻한 장소라면 문제없습니다.
프로테아 줄리엣과 마찬가지로 꽃꽂이용 절화나 드라이플라워로도 인기가 있습니다.

포인트

- 추위에 잘 견디므로 베란다나 정원에 심을 수 있어요.
- 아가베(108쪽 참고)나 선인장같이 야생적인 분위기의 식물과 잘 어울립니다.

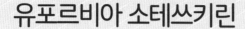
유포르비아 소테쓰키린

정원에서 자주 볼 수 있는 소철을 미니어처로 만든 듯한 모양의 다육식물. 유포르비아 부플레우리폴리아와 유포르비아 맘밀라리스의 교배종인 유포르비아 카이마교쿠에 다시 한번 부모 세대에 해당하는 부플레우리폴리아를 교접해서 탄생했습니다. 자구를 잘 생산하기 때문에 키우는 보람이 있는 품종이기도 합니다.

포인트

● 햇빛을 무척 좋아해요. 베란다나 야외에 놓아 주세요.

● 추위에는 약하니 겨울에는 해가 비치는 실내에 들여 주세요.

Yucca rostrata
용설란과 유카속
별명 | 부리유카

내한성

사이즈
(M)

물주기
A
202쪽

일조량
야외

유카 로스트라타

2000년대 들어 자주 볼 수 있게 된 로스트라타. 특히 줄기가 길게 뻗은 외목대나 가지가 갈라진 브랜치형이 인기입니다. 다육식물이나 선인장, 오스트레일리아 출신의 식물들과 함께 드라이가든(건조에 강한 식물을 모아 놓은 테마 정원)에 심겨 있는 것을 볼 수 있습니다. 성장이 느리기 때문에 조경에 크게 변화를 주고 싶지 않은 곳에 효과적입니다.

포인트
- 추위에 강해요. 야외에서는 몇 미터씩 자라기도 해요.
- 건조에도 강해서 손 갈 일이 크게 없는 식물이에요.

Rex begonia
베고니아과 베고니아속
별명 | 괴근성 베고니아

내한성

사이즈
M

물주기
A
202쪽

일조량
햇빛 드는 실내   반그늘

렉스 베고니아

색과 무늬, 질감, 형태, 크기가 다양한 괴근성 베고니아. 희귀 품종은 마니아들 사이에서만 거래가 오가기도 합니다. 원종 베고니아 렉스를 교배해서 만들어진 유사 품종들이 렉스 베고니아라는 이름으로 널리 유통되고 있습니다. 저렴한 품종도 대중적으로 많이 유통되고 있으니 여러 종류를 모아 봐도 재미있을 듯합니다.

포인트

● 강한 햇빛을 싫어하니 신문을 읽을 수 있을 정도로 밝은 그늘에 두세요.

● 높은 습도를 좋아하지만, 흙은 물빠짐이 좋은 것으로 사용해 주세요.

내한성

사이즈
(M)

물주기
A
202쪽

일조량
야외 햇빛 드는 실내

레데보우리아 소키알리스 비올라세아

구근이라고 하면 튤립이나 히아신스가 연상되지만, 구근을 만드는 다육식물도 있습니다. 비올라세아는 바로 그런 '구근다육'의 한 종류입니다. 아름다운 표범 무늬 잎이 특징입니다. 독특한 생김새에서는 상상하기 어려운 은방울꽃과 비슷한 귀여운 꽃이 핍니다. 날씨가 추워져 잎이 지고 나면 보라색 껍질에 둘러싸인 구근이 모습을 드러냅니다.

포인트
- 봄부터 초여름에 걸쳐 꽃이 피어요.
- 잎을 떨구고 휴면기에 들어가면 건조한 듯 관리해 주세요.

CHECK
the
PLANTS
EVERYDAY!

REPOT A PLANT

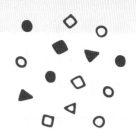

제 3 장

알아두어야 할 기초 지식

모처럼 마음에 드는 식물을 만났는데

항상 금방 죽어 버려서 슬퍼요.

이유는 모르지만 어쩐지 기운이 없어 보여요.

사 왔을 때처럼 예쁜 모양을 유지하기가 어려워요.

이런 고민을 해결해 주는

식물 키우기의 기초 지식을 소개합니다.

식물은 살아 있는 생명입니다.

오래 함께 살 수 있도록 같이 배워 봅시다.

물주기의 기본

물을 줄 때는 먼저 마르기를 기다리자

식물에게 물은 매우 중요합니다. 물이 없으면 말라 죽지만, 반대로 항상 물에 잠겨 있으면 뿌리가 호흡을 하지 못해 약해집니다. 화분에 심은 관엽식물이 죽는 가장 큰 원인이 바로 물을 너무 많이 주는 바람에 뿌리가 썩어서라고 합니다. 먼저 흙이 충분히 마르기를 기다렸다가 물을 주도록 합시다.

흙이 마르는 정도는 식물의 크기, 성질, 두는 장소에 따라 각기 다릅니다. 쉽게 알 수 있는 기준은 흙을 만져 봐서 부슬부슬한 느낌이 드는 것입니다. 물을 줄 때는 화분 바닥으로 물이 흘러나올 정도로 충분히 줍니다. 화분 안의 수분을 완전히 새로 갈아준다는 느낌으로 두세 번 반복하면 흙 전체에 골고루 수분이 도달합니다. 물을 매일 조금씩 주면 화분 속에 오래된 수분이 축적되어 냄새가 나거나 뿌리가 썩는 원인이 됩니다. 다음 물은 다시 흙이 충분히 마르기를 기다렸다가 주세요.

옮길 수 있는 크기의 화분이라면 집 밖이나 부엌, 욕실 등 편하게 물을 쓸 수 있는 장소로 옮겨서 줍시다. 가지와 잎에까지 전체적으로 물을 끼얹으면 먼지도 씻어 낼 수 있습니다. 화분 바닥의 구멍에서 물이 더 이상 흐르지 않으면 화분받침이나 화분커버로 되돌려 놓습니다. 화분받침에 물이 고여 있으면 버려 주세요. 냄새와 곰팡이의 원인이 됩니다.

계절마다 다르게, 분무도 충분히

겨울에는 물을 주는 횟수를 서서히 줄여 갑니다. 식물의 성장이 느려져 물이 그다지 필요하지 않게 되기 때문에 살짝 마른 듯한 수준으로 관리합니다. 반대로 여름에는 식물이 물을 잘 흡수하기 때문에 건조해지기 쉽습니다. 물이 마르지 않도록 주의합니다. 또한 온도, 습도가 높은 계절에 문을 꼭 닫고 있으면 물을 준 뒤 남은 물기에 식물이 물러지기 쉽습니다. 가능한 열심히 통풍을 시켜 줍시다.

분무기 등으로 잎에 직접 수분을 공급하는 것도 중요합니다. 일반적인 주택 환경은 너무 건조한 경우가 많기 때문에 분무는 매우 효과적입니다. 분무를 너무 많이 해서 문제가 생기는 일은 없습니다. 건조할 때 발생하기 쉬운 잎응애 등 해충을 예방하는 효과도 있으니 적극적으로 뿌려 줍시다.

식물 유형별 물주기 방법

물주기의 기본은 앞 페이지에서 충분히 설명했지만, 조금 주의해야 할 품종도 있습니다. 이 책에서는 식물을 크게 네 가지 유형으로 나누어 물주기 방법을 소개합니다. 제2장 관엽식물 64에 기재한 물주기 방식과 같은 기준으로 유형을 분류했습니다.

A 일반적인 식물

대부분의 식물은 앞 페이지에서 설명한 기본적인 물주기 방법으로 충분합니다. 단, 양치식물은 건조에 약하므로 흙이 완전히 마르기 전에 물을 주어야 합니다. 흙이 촉촉한 상태를 유지하는 것이 바람직합니다. 분무도 자주 해 주세요.

또한 식물을 야외에 두었다면 여름에 특히 주의를 기울여야 합니다. 아침에는 흙이 말라 있지 않았더라도 하루 종일 고온에 노출되면 금세 말라 버리기도 하기 때문입니다. 오전에는 해가 들다가 오후부터는 그늘이 되는 장소에 식물을 두면 흙이 급격히 말라 버리는 것을 예방할 수 있습니다.

B 탱크 브로멜리아 유형

파인애플과에 속한 탱크 브로멜리아 유형에는 네오레겔리아, 브리에세아, 호헨베르기아 등의 식물이 속해 있습니다. 뿌리만이 아니라 잎에서 수분이나 영양분을 흡수할 수 있는 것이 특징입니다. 흙에 물을 주는 방법은 일반적인 A유형과 마찬가지지만, 잎이 겹쳐진 중심부의 원통형 공간에 물이 고이도록 물을 줍니다. 중심부의 공간에서 물이 넘쳐흐를 때까지 물을 뿌리며 흙에도 물뿌리개의 고유 물줄기로 충분히 물을 줄 수 있습니다. 중심 공간에 고인 물이 줄어드는 정도를 확인합니다. 물이 고인 채로 계속 두면 썩어서 냄새가 날 수도 있기 때문에, 화분을 기울여 오래된 물을 흘려 버리고 새로운 물로 갈아 줍니다.

C 틸란드시아 유형

에어플랜트 유형이라고도 합니다. 이 유형의 식물은 바위나 나무에 착생해서 자랍니다. 흙에 심지 않기 때문에 물을 주지 않아도 된다고 생각하기 쉽지만, 당연히 물은 필요합니다. 물 뿌리개로 부드럽게 물을 주거나 분무기로 식물에 전체적으로 수분을 보급합니다. 물이 뚝뚝 떨어질 정도로 충분히 주어야 합니다. 물을 준 뒤에는 물러져서 상하지 않도록 통풍이 잘 되는 장소에 둡니다. 봄에서 가을까지는 일주일에 두세 번 이상, 겨울에는 주 1회 정도가 대략적인 기준이 됩니다. 여름에는 한낮에 물을 주면 물러 버릴 수 있기 때문에 저녁부터 밤에 걸쳐서 시원한 장소에서 물을 줍시다. 세로그라피카 (xerographica)처럼 잎에 물을 저장하는 구조로 된 식물은 거꾸로 들어서 고인 물을 털어 냅니다. 또한 텍토룸 등 하얀 트리콤에 뒤덮인 은엽계 틸란드시아는 비교적 건조에 강하므로, 그 특성에 맞추어 물을 주는 빈도를 조절합니다.

D 박쥐란 유형

이 유형의 식물은 열대지역 출신이 많습니다. 가장 큰 특징은 위로 쭉쭉 뻗는 생식엽과 밑동을 감싸는 영양엽이 있다는 점입니다(164쪽 참고). 물은 영양엽의 안쪽에 줍니다. 물을 너무 많이 주면 영양엽이 시들거나 변색되는 원인이 됩니다.

화분에 심었을 때 물을 주는 횟수의 기준은 봄에서 가을까지는 3일에 한 번 정도, 겨울에는 한 달에 3~4번 정도입니다.

화분에 심었다면 박쥐란 전체에 물뿌리개로 부드럽게 충분히 물을 뿌려 줍니다. 식물이 화분을 덮어 버렸다면 양동이에 물을 가득 담아 화분을 통째로 담가 주세요. 목부작이나 이끼볼에 착생시킨 경우에는 건조해지기 쉬우니 더 주의해야 합니다. 나무판이나 이끼볼에도 충분히 물을 줍니다. 작은 포기는 건조해지기 쉬우니 잎에 물을 더 자주 분무해 줍니다.

식물을 잘 키우는 일상 속 관리법

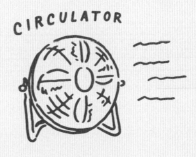

CIRCULATOR

창문을 닫아걸지 않고 바람을 통하게 한다

식물을 건강하게 키우려면 통풍이 매우 중요합니다. 식물의 활동 중 하나인 '증산'에는 공기의 흐름이 꼭 필요하기 때문입니다. 또한 통풍이 잘 되지 않으면 벌레도 생기기 쉽고, 흙에 곰팡이가 생기는 원인이 되기도 합니다. 통풍이 잘 되는 장소에 두고 자연 바람으로 환기시키는 것이 이상적입니다. 외출하느라 문을 모두 닫아야 하는 상황이라면 서큘레이터나 선풍기로 바람을 만들어 두세요. 구석 곳곳이 어둑하거나 실링팬을 설치하는 것도 좋습니다. 다만 에어컨이나 환풍기에서 나오는 강한 바람이 직접 식물에 닿아서는 안 됩니다. 잎과 줄기가 극단적으로 건조해져서 식물에게 부담이 됩니다. 살랑이는 바람이 여러 방향에서 불어오도록 만들어 주세요.

상태를 주의 깊게 살핀다

식물을 건강하게 키우고 싶은데 항상 말라 죽기만 한다면, 식물의 상태를 매일 잘 살펴보는 것부터 시작해 보세요. 흙이나 잎이 마르지는 않았는지, 실내의 햇빛이나 통풍은 괜찮은지, 잎이 변색되지는 않았는지 등, 매일 살피다 보면 사소한 변화도 알아볼 수 있게 됩니다. 만약 문제가 발생하더라도 원인을 특정해서 그에 맞게 대응할 수 있습니다.

매일 돌봐야 한다고 부담스럽게 여기지 말고, 아침에 일어나면 가족과 인사를 나누듯이 식물에게도 인사를 건네는 기분으로 상태를 체크해 봅시다. 새로 눈 뜬 새싹이나 꽃봉오리를 발견하는 등 기분 좋은 선물이 기다리고 있을지도 모릅니다.

식물이 좋아하는 환경이란?

고온다습한 환경에 가능한 가깝도록

여름의 무더위에 시들거나, 월동하지 못하고 잎이 져 버리거나, 태풍으로 가지가 부러지는 등 식물을 키우다 보면 날씨 때문에 피해를 입을 때가 있습니다. 더위와 추위 등 극단적인 날씨에 주의해야 할 점은 다음 페이지에 소개하겠습니다. 그보다 우선 식물에게 있어 가장 좋은 환경이란 무엇인지를 먼저 생각해 봅시다. 앞서 설명한 것처럼 햇살이 충분하고 바람이 잘 통할 것, 그리고 따뜻하고 습도가 높을 것. 다시 말해 장마철 기후가 열대에서 온 많은 관엽식물에게는 이상적입니다. 이런 환경에 가능한 가깝게 만들어 주면, 식물은 시들지 않고 싱싱하고 기운차게 자랄 수 있습니다.

여름철에 주의할 점

여름에는 물주는 시기를 맞추지 못해 말라 죽거나, 더위에 부패하거나, 잎응애가 생기거나, 자외선으로 잎이 타 버리는 등, 피해를 입을 때가 많습니다. 말라 죽기보다는 병들기 쉬운 계절입니다.

여름에 꼭꼭 닫힌 실내는 덥고 건조합니다. 잎응애가 이런 환경을 좋아하므로 통풍을 자주 시키고, 잎에 분무를 해서 예방합니다. 또한 식물이 에어컨 바람을 직접 맞지 않도록 합니다. 심하게 건조해져서 변색과 잎이 떨어지는 원인이 됩니다.

해가 뜰 때부터 오전까지의 부드러운 햇살을 받을 수 있고, 햇빛이 강한 시간대에는 그늘이 되는 장소에 식물을 두면 좋습니다. 참고로 관엽식물을 많이 키워 본 사람은 겨울 이외의 생육기에는 베란다 등 야외에서 식물을 관리하는 경우가 많다고 합니다.

태풍이 다가오면 실내로 들입니다. 키가 큰 화분은 바람에 가지가 부러지지 않도록 벽 쪽으로 붙이거나, 아예 미리 눕혀 놓고 흔들리지 않게 고정합니다. 호우의 경우에는 비를 맞는 것 자체는 문제가 되지 않지만 강한 바람이 염려된다면 태풍이 올 때처럼 대비합니다.

겨울철에 주의할 점

춥고 건조한 겨울은 따뜻하고 습한 환경을 좋아하는 식물에게는 심한 스트레스입니다. 물을 너무 많이 주어서 뿌리가 썩거나, 추위에 동상을 입기도 합니다. 건조한 탓에 잎이 변색되고, 창문을 꼭꼭 닫다 보니 바람이 통하지 않아 상태가 나빠지는 등, 피해가 발생하기 쉬운 계절입니다. 추위에 약한 식물은 실내로 들입니다. 한랭지역이 아니라면 야외에서 월동할 수 있는 식물도 있지만, 역시 한파가 예상될 때는 실내로 들입니다. 5도 정도까지는 월동이 가능한 식물이 많습니다. 여름과 마찬가지로 난방기구에서 나오는 바람이 식물에 직접 닿지 않게 주의합니다. 건조하니 분무기로 물을 자주 뿌려 주고, 가습기를 사용하는 것도 좋습니다. 평소에 사람이 생활하고 있어서 난방을 하는 따뜻한 장소에 두도록 합시다.  창가는 생각보다 온도가 내려갈 수 있으니 내한성이 있는 다육식물이니 선인장을 두는 것이 좋습니다. 실내에 들이는 바람에 햇빛을 충분히 쬐지 못하는 것 같다면, 한낮에는 해가 드는 양달로 이동시켰다가 밤에는 따뜻한 장소로 옮기는 등 좋은 방법을 찾아봅시다. 화분의 수가 많아서 힘들다면 순서대로 돌아가면서 자리를 옮기거나, 실내에서 관리하기 쉽도록 배치를 바꾸어 봅시다.

식물을 두고 집을 비워야 한다면

며칠 정도라면 물주기와 자리 배치가 중요

방학을 맞아 장기간 집을 비웠다가 식물이 죽어 버린 경험이
있지는 않나요? 실내가 덥고 환기가 안 되다 보니 더위와 습
기에 식물이 버티지 못했기 때문입니다. 집을 비워야 한다면
미리미리 준비를 합시다.

3~4일 정도라면 외출하기 전에 평소처럼 충분히 물을 주기
만 해도 화분 속 수분은 유지됩니다. 이 경우 물주기보다 더
중요한 것이 두는 장소입니다. 통풍이 잘되는 야외의 그늘진
곳(북향이나 울타리 그늘)이 가장 좋습니다. 베란다라면 실외기
에서 나오는 열기에 주의합니다. 직사광선이 닿지 않는 그늘
에 통풍이 잘되는 시원한 장소가 이상적입니다.

양치식물이라면 화분 바닥이 1~2cm 잠길 정도로 물을 채운
쟁반 위에 올려 둡니다.

2~4주 정도 장기간 집을 비운다면 친구나 이웃집에 물주기
를 부탁하는 것이 좋습니다. 4~5일에 한 번 정도 물주기를 부
탁하고 방법을 미리 설명해 둡니다. 남에게 부탁하기 어렵다
면 화분에 자동으로 물을 주는 상품도 나와 있으니, 철물점이
나 원예점, 인터넷 쇼핑몰 등에서 구입해 사용합시다. 그리고
돌아오면 충분히 물을 주도록 합시다.

비료를 주고 싶다면

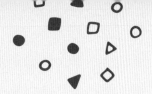

종류와 타이밍이 중요

물과 햇빛 이외에도 식물에게 영양분을 공급하는 것으로 비료가 있습니다. 비료의 종류에는 천연 재료로 만들어진 유기비료와 화학적으로 합성된 화학비료가 있습니다. 유기비료는 깻묵이나 골분을 원료로 하며, 천천히 효과를 발휘하므로 잘 실패하지 않습니다. 하지만 냄새가 강한 것이 문제입니다. 인공적으로 만들어진 화학비료는 냄새가 없어 실내에서 키우는 식물에 적합합니다. 그러나 너무 많이 주면 뿌리가 손상될 수 있으니 주의합시다.

비료를 주는 시기는 성장기인 4~9월입니다.

비료를 주는 방법에는 밑거름과 덧거름이 있습니다. 밑거름은 식물을 심을 때나 분갈이를 할 때 흙에 섞어서 주는 것으로 장기간 효과가 지속됩니다. 덧거름은 식물이 자라면서 부족해지는 영양분을 보충해 줍니다. 덧거름에는 즉시 효과가 나타나는 액체비료와 천천히 효과를 보이는 고체비료가 있습니다. 액체비료는 물을 줄 때 함께, 기재된 농도에 맞게 희석해서 사용합니다. 고체비료는 흙 위에 올려놓으면 됩니다.

식물에 따라서는 척박한 땅을 좋아해서 비료를 줄 필요가 없는 품종도 있습니다. 비료는 식물의 특성에 맞게 사용합시다.

분갈이의 기본

분갈이를 하지 않으면 어떻게 될까?

식물에게 가장 중요한 부위는 뿌리입니다. 대부분의 식물이
뿌리를 통해 흙의 영양분이나 수분을 흡수하며 성장합니다.
화분에는 흙의 양이 한정되어 있으므로 그 흙의 영양분을 다
사용하고 나면 더 이상 성장하기가 어려워집니다. 또한 뿌리
도 성장하기 때문에 화분 안에 여유 공간은 점점 줄어들고 뿌
리가 빽빽하게 들어찬 상태가 됩니다. 이럴 때 분갈이가 필요
합니다. 분갈이를 하지 않으면 꽉 찬 뿌리에 방해를 받아 물
이 흙에 스며들기가 어려워지고, 이에 따라 물 주는 횟수가
늘어나고 성장 속도가 느려집니다. 분갈이를 해서 화분의 크
기를 늘리면서 흙을 새로 바꾸어 주고 여분의 뿌리와 오래된
흙을 제거하면 뿌리의 상태를 건강하게 유지할 수 있습니다.

분갈이는 언제 해야 할까?

뿌리는 화분 속에 있어서 볼 수가 없습니다. 하지만 다음과 같은 조짐이 보인다면 분갈이를 검토할 때입니다. 뿌리가 흙 위로 솟아올라 밖으로 드러나 보인다, 화분의 물빠짐 구멍으로 뿌리가 빠져나온 것이 보인다, 잎 끝이 마르고 새 잎이 잘 나오지 않는다 등이 그 조짐입니다. 이럴 때 화분 속에서는 뿌리가 비좁게 들어차 괴로워 하고 있을지도 모릅니다.

분갈이를 하면 뿌리가 손상을 입을 수밖에 없기 때문에 성장기 직전에 하는 것이 좋습니다. 뿌리에 손상이 가더라도 그 뒤에 성장이 시작되면 회복이 빠르기 때문입니다.

식물이 건강하게 자라고 있고, 크게 키우고 싶은 욕심이 있는 것이 아니라면, 무리해서 분갈이를 할 필요는 없습니다.

분갈이를 하는 방법은?

분갈이는 어렵지 않습니다. 필요한 것은 새로운 배양토, 적당한 크기의 새로운 화분, 화분망, 원예용 자갈, 가위, 나무젓가락 정도입니다.

분갈이를 할 화분의 크기는 뿌리의 상태에 따라 다릅니다. 같은 5호 크기의 화분에 심겨 있다고 해도, 뿌리가 꽉 차서 비좁은 상태라면 8호 정도의 화분에 옮겨 심는 것이 좋습니다. 반면 뿌리가 꽉 차지 않았다면 6~7호 정도로도 충분할 수 있습니다. 반드시 정해진 크기의 화분으로 바꾸어야 하는 것은 아니므로 뿌리의 상태를 봐서 결정하도록 합시다.

준비물이 갖추어졌다면 식물을 기존의 화분에서 빼냅니다. 뿌리가 다치지 않도록 뿌리에 엉킨 흙은 흐트러뜨리지 않고 그대로 새로운 화분으로 옮깁니다. 그리고 새 흙을 채우면 완성입니다. '엉킨 흙을 털어내고 뿌리를 잘라야 하는 거 아닌가요?' 하는 의문이 생길 텐데, 오래된 뿌리는 가위로 잘라내도 되지만 어느 것이 오래된 뿌리인지를 모르겠다면 그대로 옮겨 심으면 됩니다. 오래된 뿌리는 색이 갈색이고 속이 비어서 구멍이 숭숭 뚫려 있습니다. 건강한 뿌리를 자르면 식물에 영향을 줄 수밖에 없으므로 익숙해지기 전에는 그대로 옮겨 심는 편이 안심이 됩니다. 뿌리의 상태를 판별할 수 있을 정도가 되면 본격적인 분갈이에 도전합니다.

분갈이 순서

준비물

- 배양토
- 새로운 화분(원래보다 큰 사이즈)
- 회분망
- 원예용 자갈
- 가위
- 나무젓가락

1 ────────────

윗대의 화분에서 식물을 뿌리째 쓱쓱 빼냅니다. 잘 빠지지 않는다면 화분 바깥쪽 측면을 가볍게 두드리면서 꺼내 보세요.

2 ────────────

늙거나 뿌리를 가면세 물에 수번서 씻노하다면 오래된 뿌리를 성리합니다. 익숙하지 않다면 그내로 두어누 괜찮습니다.

3

새 화분에 화분망을 깔고 물빠짐을 좋게 하기 위해 배수층이 될 원예용 자갈을 깝니다. 자갈 대신 적옥토를 사용해도 무방합니다.

4

흙을 넣고 위에 식물을 올려 보면서 높이를 조절합니다.

5

흙을 추가로 넣으면서, 젓가락을 뿌리 주위에 붙은 흙과 새 화분 사이에 끼워서 뿌리와 뿌리 사이의 틈에 균일하게 흙이 채워지도록 밀어 넣습니다.

6

바닥으로 흘러나올 정도로 물을 듬뿍 주고, 1주일 정도는 직사광선을 피해 밝은 그늘에서 관리합니다.

수형을 정리한다

가지치기를 해서 모양 다듬기

식물은 매일 잎과 가지를 뻗어 나가며 성장합니다. 잎이 우거지고 가지가 길어지면서 나무의 모양은 변합니다. 너무 울창해진다 싶으면 성장에 방해가 되는 필요 없는 가지와 잎을 정리해 주는 것이 좋습니다. 새로 자란 잎이나 가지를 자르기가 망설여질 수도 있지만, 가지치기를 함으로써 오히려 새순이 나오기 더 쉬워지고 성장을 촉진하는 이점이 있습니다. 과감하게 시도해 봅시다.

가지치기는 4~7월 성장기에 하는 것이 좋습니다. 가지치기를 하면 형태가 깔끔하게 정돈되고 바람도 잘 통하게 됩니다. 가지치기를 한 뒤에는 새순이 나오기 쉽도록 해가 잘 비치는 곳에 둡시다.

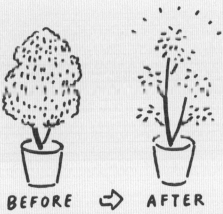

BEFORE ⇨ AFTER

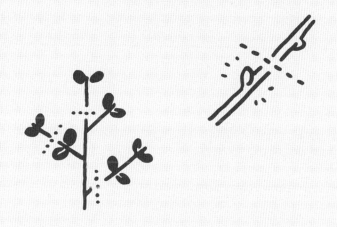

전체의 균형을 생각하며 자르기

가지치기란 가지나 잎을 마구 잘라내는 것과는 다릅니다.

눈의 수를 줄이고, 너무 빽빽하게 난 가지를 잘라내고, 상하좌우의 균형을 맞추는 것이 포인트입니다. 자르는 위치는 눈의 위쪽으로, 그래야 다음 눈이 자랄 때 지장이 없습니다. 가지가 너무 많이 갈라지면 영양분이 분산되어 빈약하게 자라고 통풍에도 지장이 생깁니다. 세네 개의 가지가 나오고 있으면 두 갈래가 되도록 잘라 냅니다. 상하좌우의 균형이 맞지 않으면 튀어나온 가지를 잘라서 모양을 정돈합니다.

가지치기는 한 번에 다 하면 식물에 부담이 되므로 상태를 보면서 조금씩 진행하는 것이 좋습니다.

자주 있는 문제 Q&A

 현관에 둔 식물이 기운이 없어요. 조명도 켜 주었고 통풍도 잘
되는데 왜 그럴까요?

 모든 식물에게는 햇빛이 필요해요. 조명은 아무리 밝아도 의미
가 없답니다.

식물은 기본적으로 야외에서 햇빛을 받으며 성장합니다. 조명이 밝으니까 괜찮다
고 생각하기 쉽지만, 식물에게 있어 조명의 밝기는 의미가 없습니다. 금방 말라 죽
지는 않더라도, 서서히 기운을 잃게 됩니다. 밝게 햇빛이 드는 장소에 놓아 주세요.

 겉모양만 보고 마음에 드는 식물을 골라도 될까요?

 두는 장소에 적합한 식물인지도 중요해요.

한눈에 반한 식물에는 애착이 생기게 되고, 잘 돌보겠다는 동기 부여가 되기도 합니
다. 하지만 장소와 환경에 맞지 않는 품종이라면 결국 죽어 버릴 수도 있습니다. 식
물을 구입할 때 두는 장소를 매장 식원에게 이야기하고, 그 식물을 두어도 좋은
환경인지를 상담하는 것이 좋습니다. 이 책의 제2장 관엽식물 64에서는 그 식물에
게 맞는 환경을 함께 소개하고 있으니 참고해 주세요.

식물이 기운이 없어 보여서 물을 주었더니 더 비실거려요.

 기운이 없다고 무조건 물이 부족한 것은 아니에요.

물이 부족할 때도 있지만, 반대로 물을 너무 많이 준 것이 원인일 수도 있답니다. 그 외에 햇빛 부족이나 통풍 부족 등 다양한 원인을 생각해 볼 수 있어요. 식물을 둔 장소가 적합한지도 생각해 봅시다. 물을 너무 많이 준 것이 원인이라면 잠시 물을 말려 보거나, 통풍이 잘 되고 해가 잘 들어오는 곳에 두고 상태를 지켜보세요.

 잎의 색깔이 흐려지고 광택이 없어졌어요.

 잎응애가 원인일지도 몰라요. 옮기 전에 퇴치하도록 합시다.

잎에 희끗희끗한 얼룩이 생기거나, 거칠어지고 윤기가 없어졌다면 잎응애가 원인일지도 모릅니다. 다른 식물에도 옮을 수 있으니 빨리 퇴치하는 것이 좋아요. 식물 전체를 샤워기로 꼼꼼하게 씻어 주세요. 통풍이 잘 되는 곳에 두고 잎에 물을 분무해 주면 예방할 수 있어요(201쪽 참고).

식물 주위에 날파리가 보여요.

 물을 너무 많이 주었거나 화분 받침에 물이 고인 채로 두지는 않았나요?

습기 찬 흙이나 화분받침에 고인 물에 날파리가 생겼을 수도 있어요. 떨어진 잎이 쌓여 있거나 유기비료를 사용하는 경우 발생하기 쉽다고 해요. 떨어진 잎은 바로 치우고, 화분받침의 물은 바로 비워 주세요. 화분커버 안쪽에도 물이 고여 있지 않은지 확인해 보세요. 비료는 화학비료를 사용하고, 화분 표면의 흙을 몇 cm 제거하고 대신 적옥토를 깔아 주세요. 작은 돌 등으로 흙의 표면을 덮어 주는 것도 효과적이에요. 날파리는 바로 퇴치하는 것이 중요합니다.

 식물이 힘없이 가늘게 길어지기만 해요.

 빛이 부족합니다. 햇빛을 쬐어 주세요.

잎과 가지의 색이 흐릿해지거나 잎과 잎 사이의 간격이 넓어지고, 잎이 극단지으로 커지거나 힘없이 가늘게 길어지기만 하는 것은 햇빛이 부족해서입니다. 실내에 들어오는 빛만으로는 식물에게 부족하기 쉬워요. 지금까지 두었던 장소를 점검해 보고, 서서히 밝은 빛이 충분히 들어오는 장소로 옮겨 주세요.

외출과 출장이 잦아 집을 자주 비워요. 그러면 식물을 키워서는
안 되는 걸까요?

 조금 큰 화분을 고르고, 수분이 부족해도 잘 견디는 선인장과
다육식물을 골라 보세요.

흙이 많이 들어가는 큼직한 화분에, 건조에 강한 품종을 선택해 심으면 물을 주는 빈도를 줄일 수 있어요. 3~4일 정도라면 물을 충분히 주고 통풍이 잘 되는 그늘진 장소에 두면 화분의 수분을 유지할 수 있답니다. 바빠서 돌볼 수 있을지 걱정된다면 제2장 관엽식물 64에서 건조에 강한 식물을 골라 보세요.

 잎의 방향과 줄기가 뻗어 나가는 방향이 한쪽으로 쏠리면서 수
형이 달라져 버렸어요.

 식물은 햇빛을 향해 자란답니다.

해가 잘 드는 창가에 두면 식물은 빛을 받아들이기 위해 햇빛을 향해 자라게 됩니다. 식물호르몬의 작용으로 그늘진 쪽의 성장이 촉진되기 때문이지요. 모든 방향에 골고루 빛이 닿도록 가끔 화분의 방향을 바꾸어 주세요.

제작협력

TOKIIRO(季色)

다육식물에 특화된 다육아트를 소개하는 곤도 요시노부 씨와 곤도 도모미 씨의 유닛. 그린 디자인, 가든 디자인, 워크숍 개최 등 다방면에 걸쳐 활동하면서 공간에 어울리는 작품을 창작하고 있습니다. 저서로는 『다육식물 디자인』, 『ときめく多肉植物図鑑』이 있습니다.

URL : www.tokiiro.com | ⓞ @ateliertokiiro

Feel The Garden 이끼 테라리움

이끼 테라리움을 중심으로 식물을 활용한 작품을 제작·판매합니다. 스기나미구 호난초의 강의실에서 매월 개최하는 워크숍에서는 초급부터 고급까지 수준별로 테라리움 만들기를 체험할 수 있습니다. 상세 내용과 예약은 홈페이지에 문의해 주세요.

URL: www.feelthegarden.com | ⓞ @feelthegarden

Flying(주식회사 Flying)

공간 연출과 산업시설이 디스플레이 등을 디자인하는 Flying. 박키란 목부작용 나무판을 제작·판매하며 봄부터 가을에 걸쳐 부정기적으로 목부작 워크숍도 개최합니다. 목부작용 나무판은 판매 사이트 https://imamanet.stores.jp/에서 구입 가능합니다. 다양한 크기와 모양으로 주문제작도 가능합니다.

URL : https://imama-net.stores.jp/ | ⓞ @flying_design

SNARK Inc.

군마와 도쿄를 거점으로 활동하는 건축설계사무소. 가구 제작부터 내상, 신축수택, 공동설계 등의 기획, 설계, 시공관리, 이벤트 기획, 운영 등 다방면에서 활동하고 있습니다. 이 책에 게재된 스틸 제품 시리즈에 대해서는 info@snark.cc로 문의하세요.

URL: www.snark.cc | ⓞ @snark_inc

aarde(아르데)

2,500종 이상의 식물 화분을 상시 취급하는 창업 70년에 이르는 오래된 화분 전문 도매상 오미토키가 일반 고객을 대상으로 시작한 화분, 플랜터 통판 전문점. 오프라인에서는 매주 토요일 스기나미구 호난초의 창고를 개방하고 일반인을 대상으로 전 상품 10% 할인 가격에 전시 판매 기획전을 열고 있습니다.

URL: www.aarde-pot.com

HACHILABO

HACHILABO에서는 주역이 되는 식물과 조역인 화분의 관계성에 있어서 '공존하면서 서로의 개성을 살리는 관계'를 콘셉트로 삼아 무미무취가 아닌 은은한 맛과 향기가 느껴지는 '명품 조연'을 소개합니다.

URL: www.8labo.jp | ⓞ @8labo

ideot

시부야구 가미야마초에 있는 라이프 스타일 숍. 장르나 시대, 나라에 얽매이지 않고 클래시컬한 한편 모던하고 세련된 '지금'을 느낄 수 있는 경계를 뛰어넘는 상품을 소개합니다.

URL: www.ideot.net | ⓞ @ideot_net

VOIRY STORE

메구로의 한적한 주택가에 자리한 잡화점. 점내에는 미국 주유소에 있는 작은 상점이나 학교의 매점, 작은 일용품 잡화점 같은 분위기로 상품이 질서정연하게 배열되어 있습니다. 앞치마, 가방, 장화 등 오리지널 잡화와 의류를 판매합니다.

URL: voiry.tokyo | ⓞ @voirystore

Royal Gardener's Club

원예 살수용품과 정수기 렌탈 분야에서 일본 점유율 톱클래스의 기업이 시작한 원예용품 전문점 로얄 가드너스 클럽. 오리지널 상품 제작에 주력하며 대량생산 제품에서도 수작업에서 느껴지는 온기를 전달하는 원예용품을 주로 취급합니다. 지유가오카에는 여성 가드너 모임 'La terre'와 제휴한 콜라보 상점도 있습니다. 절화나 꽃 모종, 가든 용품의 판매, 정원 관리 상담도 가능합니다.

URL: www.rgc.tokyo　|　ⓞ @royal_gardeners_club

menui

기치조지에 두 개의 점포를 운영하는 바구니 전문점. 도큐우라 지점에서는 나라, 소재, 사이즈가 다양한 바구니를 취급하며, 바구니 엮기 체험 워크숍도 개최합니다. 나카미치도리 지점에서는 잡화와 액세서리, 의류도 취급하고 있습니다.

URL: menui.jp　|　ⓞ @menui_ @menui_nakamichi

ROUSSEAU

나카야마 아카네가 만든 유리를 사용한 아이템 브랜드. 식물이나 광물, 자연계의 질서 정연한 아름다움에서 힌트를 얻어 꽃병과 거울, 유리 케이스 등 자연의 조형미를 삶 속에서 즐길 수 있는 아이템을 한 점씩 수작업으로 유리를 잘라 제작하고 있습니다.

URL: rousseau.jp　|　ⓞ @rousseau___

萩野 昌(하기노 아키)

미국, 오스트레일리아에서 마크라메의 매력에 빠져들어 지금은 니이가타를 거점으로 마크라메 작가로 활약하고 있습니다. 주로 심플한 패턴을 반복해서 사용한 인테리어 잡화를 제작합니다.

URL: ronronear.theshop.jp　|　ⓞ @tami_designs

미도리노잣카야

마음에 드는 소품에 식물을 곁들이면 사랑스러움이 더해집니다. 미도리노잣카야는 조금 더 사랑스러운 분위기를 연출할 수 있는 내추럴&정크 소품과 거기에 잘 어울리는 식물을 함께 모아 놓은 잡화점입니다. 식물이 함께하는 생활공간을 제안합니다.
URL: midorinozakkaya.com | ⊙ @midorinozakkaya